工程制图基础

（第二版）

主　编　卓维松
副主编　李云辉　张俊腾　邓　芹
　　　　刘兴隆　李海燕

南京大学出版社

内容简介

本书作为高等职业院校土建类专业基础教材，是在《工程制图基础》第一版的基础上，根据使用多年反馈情况和模块化课程改革的需要而进行修订。教材内容和体系结构遵循“必需、够用、模块化、群共享”的原则。

本书根据现行制图标准编写而成。本书分为两大模块知识，一是投影基础模块；二是制图基础模块。投影基础模块主要介绍了点线面投影、基本几何体投影；制图基础模块主要介绍了制图基本知识、组合体投影、轴测投影、剖面图与断面图以及标高投影等，完全可以满足土建类各专业相关工程制图课程的教学内容需求。书中选择的例题难易程度适中，全文简明易懂，文字精练，图文并重。

另外，本书有配套修订《工程制图基础习题集》，供学生练习使用。

本书可作为高等职业院校的建筑工程技术、道路桥梁工程技术、市政工程技术、建设工程监理、工程造价、建筑装饰工程技术、建设工程管理、地下与隧道工程技术、工程测量技术等土建类专业的基础教材。也可作为其他职业教育、成人高校、广大自学者以及工程技术人员的学习教材，也可以作为退役军人、下岗职工等培训学习教材。

图书在版编目(CIP)数据

工程制图基础 / 卓维松主编. -- 2 版. -- 南京 ：南京大学出版社，2021.6(2022.7 重印)

ISBN 978-7-305-24479-7

Ⅰ. ①工… Ⅱ. ①卓… Ⅲ. ①工程制图—高等职业教育—教材 Ⅳ. ①TB23

中国版本图书馆 CIP 数据核字(2021)第 090680 号

出版发行 南京大学出版社
社　　址 南京市汉口路 22 号　　邮　编 210093
出 版 人 金鑫荣

书　　名 工程制图基础
主　　编 卓维松
责任编辑 朱彦霖　　编辑热线 025-83597482

照　　排 南京南琳图文制作有限公司
印　　刷 南京人文印务有限公司
开　　本 787×1092 1/16 印张 12.75 字数 275 千
版　　次 2021 年 6 月第 2 版 2022 年 7 月第 2 次印刷
ISBN 978-7-305-24479-7
定　　价 36.00 元

网址：http://www.njupco.com
官方微博：http://weibo.com/njupco
官方微信号：njutumu
销售咨询热线：(025) 83594756

第二版前言

本书是高等职业教育土建类专业系列教材之一，是在《工程制图基础》第一版的基础上，根据使用多年反馈情况和模块化课程改革的需要而进行修订的。教材全面贯彻落实国家职业教育改革一系列文件精神，促进产教融合，推进校企"双元"新型教材编写工作，进一步对接"1+X"建筑工程识图考证要求，实现书证融通、课证融通。教材内容难度适中，比较适合现在高职院校学生使用。

1. 一个补充

根据《房屋建筑制图统一标准》(GB/T 50001－2017)，修订并补充两立体相贯的内容。

2. 两个模块

按照模块化教学改革需要，本书分两大模块：(1) 投影基础模块，包括点线面投影、基本几何体投影；(2) 制图基础模块，包括制图基本知识、组合体投影、抽测投影、剖面图与断面图、标高投影。

3. 三个原则

本教材内容遵循三个原则：(1) "实用性、适用性"原则；(2) "必须、够用"原则；(3) "易教、易学"原则。

本书由福建船政交通职业学院卓维松担任主编；福建农业职业技术学院张俊腾、福建船政交通职业学院李云辉和李海燕、湘西民族职业技术学院邓芹、福建省交通规划设计院有限公司刘兴隆担任副主编。第1、2、7章由卓维松编写；第4、5章由李云辉编写、第6章由福建农业职业技术学院张俊腾和福建船政交通职业学院李海燕编写、第3章由湘西民族职业技术学院邓芹及福建省交通规划设计院有限公司刘兴隆高级工程师编写，刘兴隆高级工程师对各章内容编写提出合理化建议，最后由卓维松主编统稿并定稿。

本书在编写过程中引用了大量规范、教材、专业文献和资料，在此向相关作者致以衷心的感谢！感谢福建省交通规划设计院有限公司刘兴隆高级工程师对本教材编写大纲、教材编写、教材审稿等工作的辛勤付出！

由于编者理论水平和实践经验有限，书中难免有不足之处，敬请使用本书的师生与读者批评指正，以便修订时改进。

编　者

2021年5月

目　录

第一部分　投影基础模块

第二部分 制图基础模块

第一部分　投影基础模块

第1章　点、线、面的投影

学习目标

1. 能够理解正投影的基本规律；
2. 能够理解点、线、面的空间位置与平面投影的互相转换；
3. 具有二维平面和三维空间互相转换的想象能力。

1.1　投影概念

1.1.1　投影的形成

当太阳光或者灯光照射物体时，在地面上或者墙面上会出现物体的阴影，这个阴影称之为影子。从这些自然现象中，人们经过长期的探索总结出物体的投影规律。如图 1.1 所示，我们把灯光源称为投影中心，把形成影子的光线称为投射线，把物体抽象称之为形体，把承受投影图的平面称为投影面，在投影面上的所得到的图形称为投影图，简称为投影。

形体、投射线、投影面是形成投影的三要素，三者缺一不可。

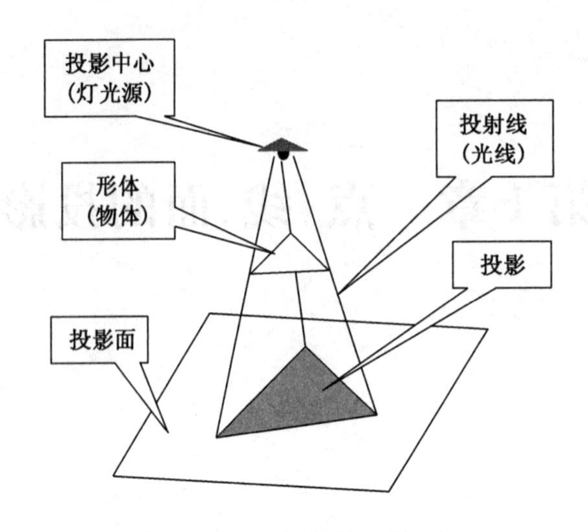

图 1.1　投影的形成

1.1.2　投影的分类

根据投射中心与投影面的位置不同，投影分类如下：

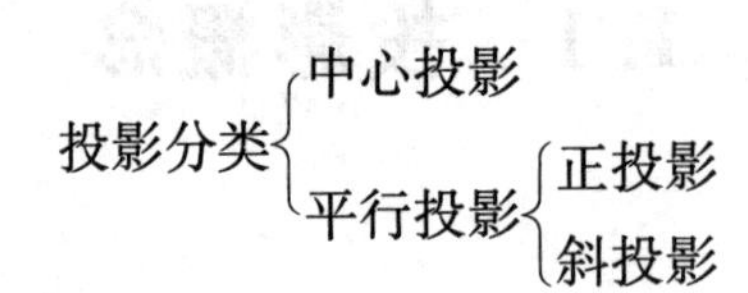

1. 中心投影

所有投射线都从投影中心（一点）引出，称为中心投影，如图 1.1 所示。

2. 平行投影

所有投射线互相平行，称为平行投影。如果投射线与投影面垂直则称为正投影，如图 1.2a 所示；如果投射线与投影面斜交则称为斜投影，如图 1.2b 所示。

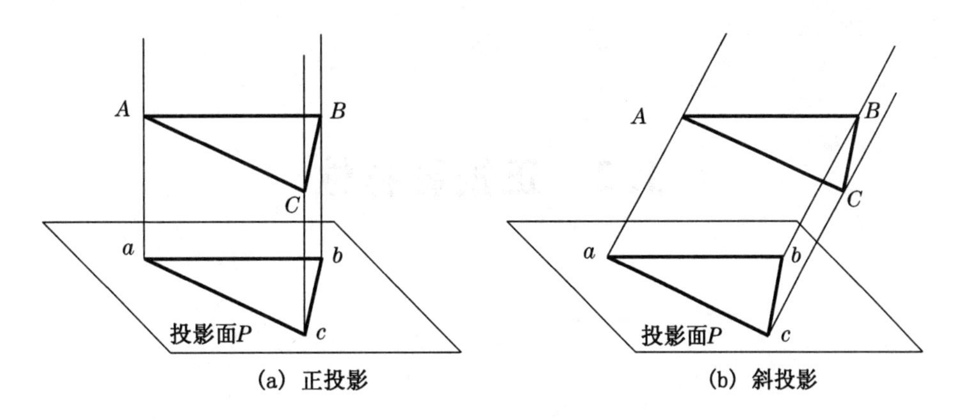

(a) 正投影　　(b) 斜投影

图 1.2　平行投影

1.2 正投影特性

1.2.1 点、线、面的正投影特性

点、线、面是最基本的几何元素，学习投影方法应该从点、线、面的正投影开始，正投影具有以下特性：类似性、实形性、积聚性、从属性、定比性、平行性。

1. 类似性

一般情况下，点的投影仍然为点，直线的投影仍为直线，平面的投影仍为类似原图的平面，如图 1.3 所示，这种性质称为正投影的类似性。

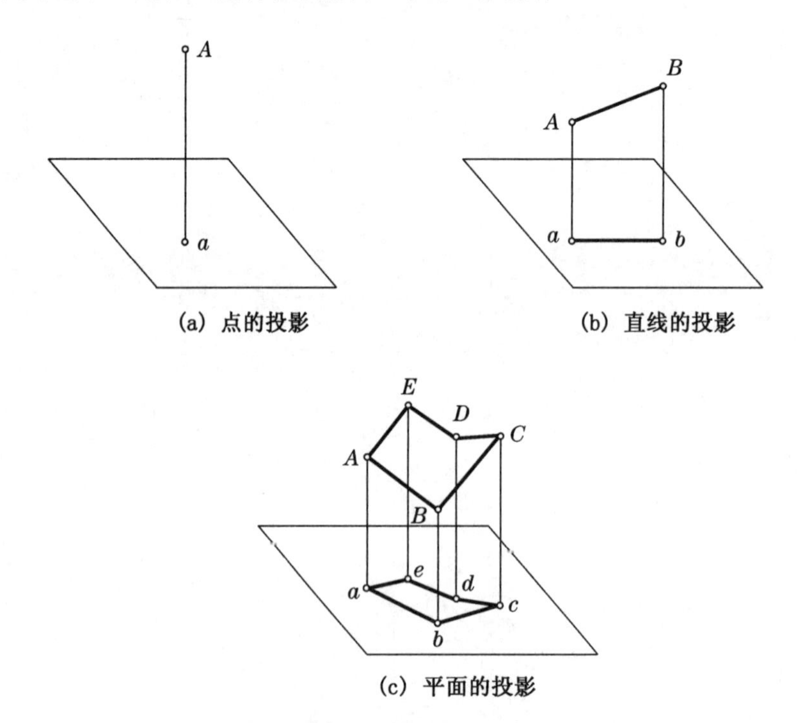

(a) 点的投影　(b) 直线的投影

(c) 平面的投影

图 1.3 投影的类似性

2. 实形性

当直线或平面平行于投影面时，它们的投影反映实长或实形，如图 1.4 所示，空间直线 AB 投影后 ab 长度是反映实长，空间平面 P 投影后 p 是反映实形，这种性质称为正投影的实形性。

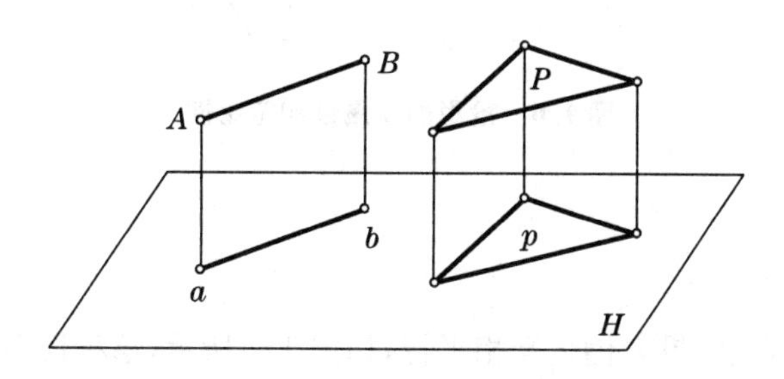

图 1.4　投影的实形性

3. 积聚性

当空间直线、平面垂直于投影面时，它们在投影面上的投影分别是一个点和一条直线，如图 1.5 所示，这种性质称为正投影的积聚性。

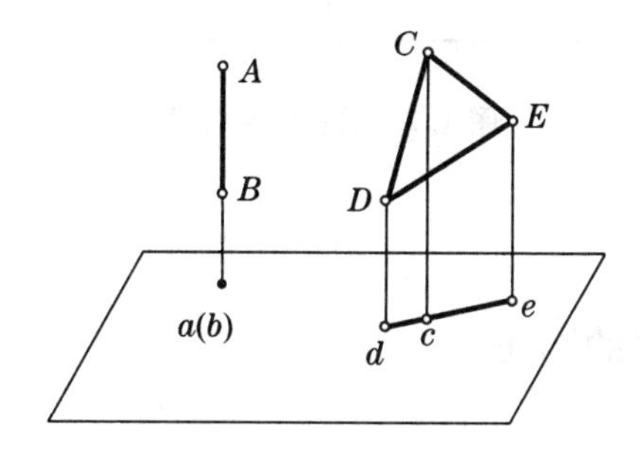

图 1.5　投影的积聚性

4. 从属性

如果点在一条直线上，则点的投影必定在这条直线的同面投影上，如图 1.6 所示，空间点 E 在直线 AB 上，则点的投影 e 必定在直线投影 ab 上，这种性质称为正投影的从属性。

5. 定比性

直线上的一点 E 把该直线段 AB 分成两段，则该两段之比($AE:EB$)等于其投影之比($ae:eb$),如图 1.6 所示,这种性质称为正投影的定比性。

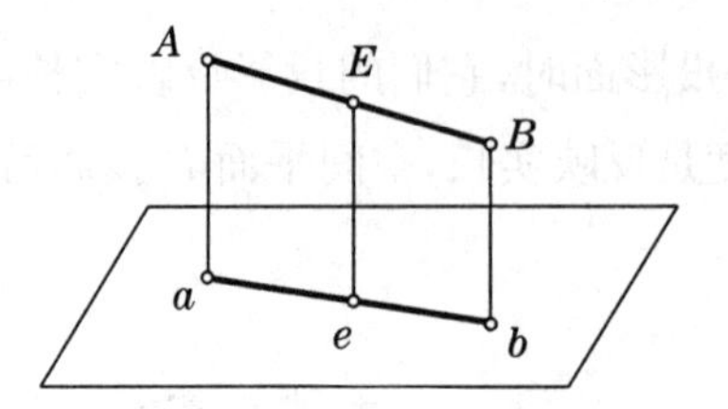

图 1.6 投影的从属性和定比性

6. 平行性

空间两平行直线的投影仍然互相平行,如图 1.7 所示,这种性质称为正投影的平行性。

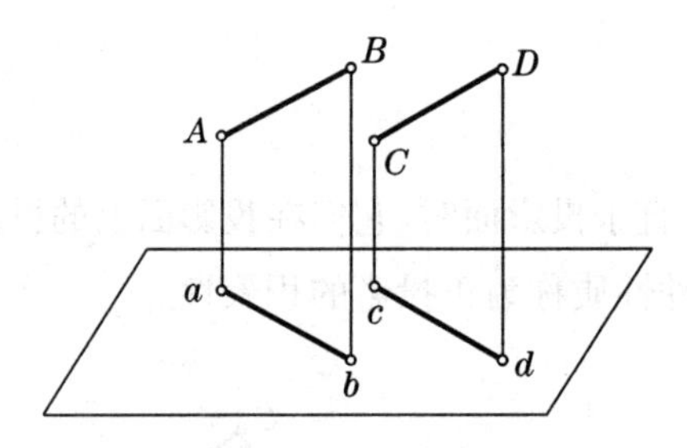

图 1.7 投影的平行性

1.2.2 正投影图的画法

1. 三面投影体系的建立

以三个互相垂直的平面作为投影面,组成一个三面投影体系,如图 1.8 所示。其中,H 面为水平面,称为水平投影面;V 面为正立面,称为正立投影面;W 面为侧立面,称为侧立投影面。

H、V、W 三个投影面两两垂直相交,其交线称为投影轴,分别为 OX、OY、OZ 投影轴。三条轴线相交于一点 O,O 点称为原点。

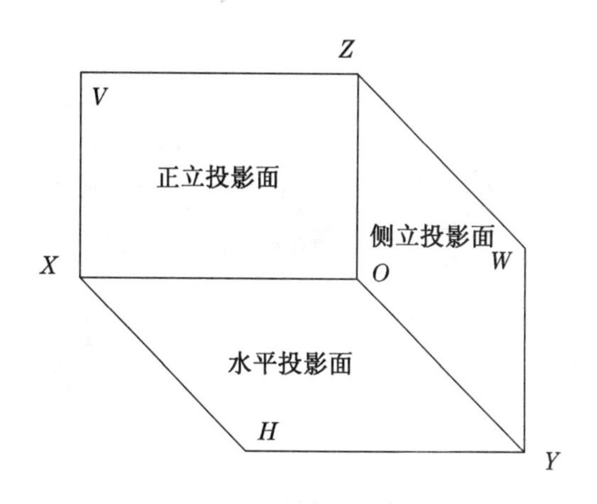

图1.8　三面投影体系

2. 三面投影的形成

将形体置于三面投影体系中，把形体的主要表面与三个投影面对应平行，然后用三组分别垂直于三个投影面的平行投射线进行投影，得到三个方向的正投影，即 H、V、W 三面投影，如图1.9所示。

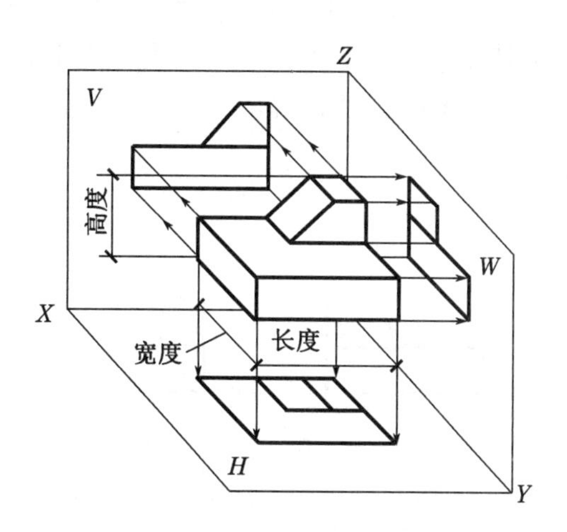

图1.9　三面投影图的形成

为了把相互垂直的三个投影面上的投影画在一张二维的图纸上，我们必须将其展开。首先，沿着 YO 方向将 OY 轴剪开；其次，V 面固定不动，H 面沿着 OX 轴向下旋转90°，W 面沿着 OZ 轴向后旋转90°，使三个投影面处在同一平面内，如图1.10所示。需要注意的是：OY 轴剪开后分成2条轴，一条在 H 面上的用 Y_H 表示，另一条在 W 面上用 Y_W 表示。

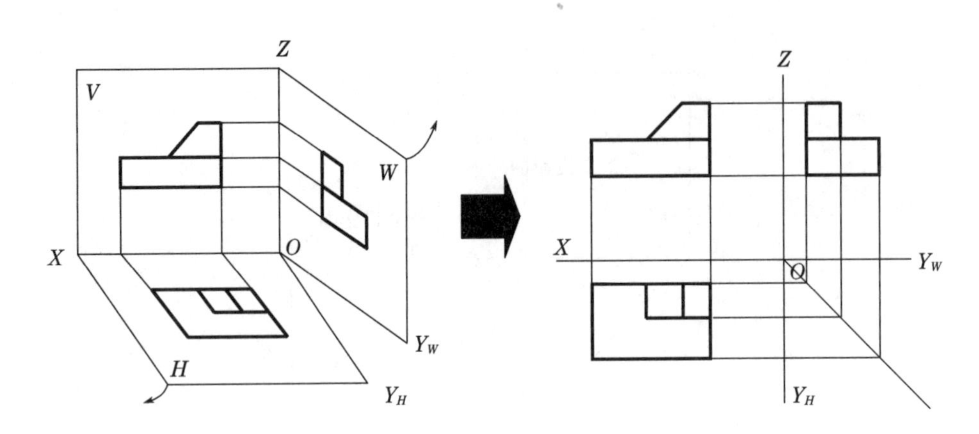

图 1.10 投影面的展开

3. 三面投影的三等关系

在三面投影体系中，形体的 X 轴方向尺寸称为长度，Y 轴方向尺寸称为宽度，Z 轴方向尺寸称为高度，如图 1.11 所示。

在三面投影中，形体的 H 面与 V 面的投影在 OX 轴方向左右应对正，即“长对正”；H 面与 W 面的投影在 OY 轴方向宽度应相等，即“宽相等”；V 面与 W 面的投影在 OZ 轴方向上下应对齐，即“高平齐”。“长对正”“宽相等”“高平齐”称为三面投影的“三等关系”，它是形体三面投影图之间最基本的投影关系，是画图和读图的基础。

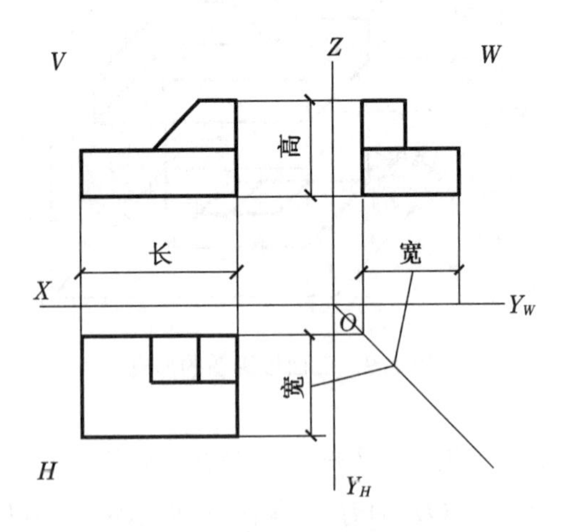

图 1.11 三面投影的三等关系

4. 三面投影的位置关系

形体在三面投影体系中的位置确定后，它在空间有上下、左右、前后六个方位，如图1.12所示。

(1) 正立投影图(V面)反映形体位置关系：左、右、上、下；

(2) 水平投影图(H面)反映形体位置关系：左、右、前、后；

(3) 侧立投影图(W面)反映形体位置关系：前、后、上、下。

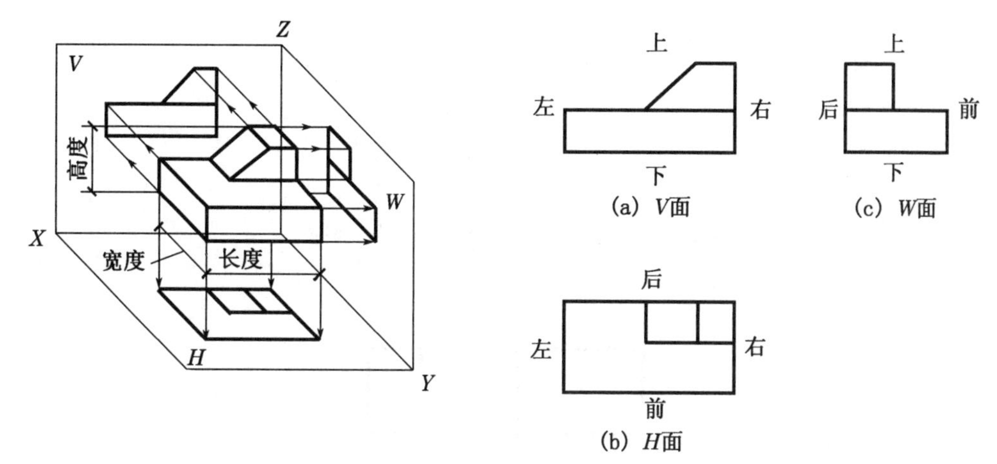

图1.12 三面投影的位置关系

5. 三面投影图的画法举例

例题1-1 根据图1.13所示的形体图，画出该形体的三面投影图。

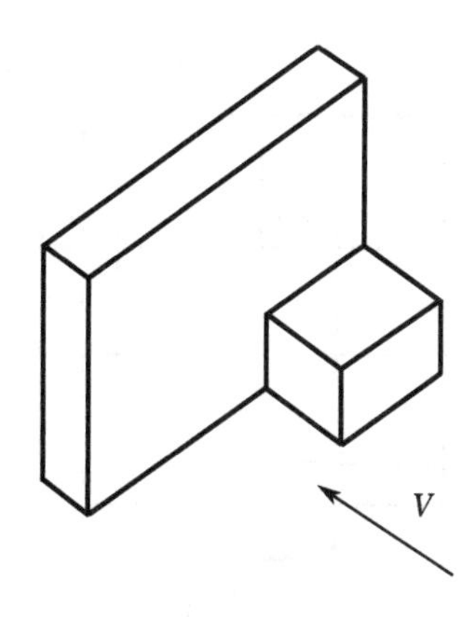

图1.13 形体图

解:绘图过程如图 1.14 所示。

(1) 绘制“十”字相交的坐标轴,如图 1.14a 所示。

(2) 画出形体的外轮廓线,如图 1.14b 所示。

首先,画出 V 面投影;其次根据三等关系分别画出 H 面和 W 面投影。

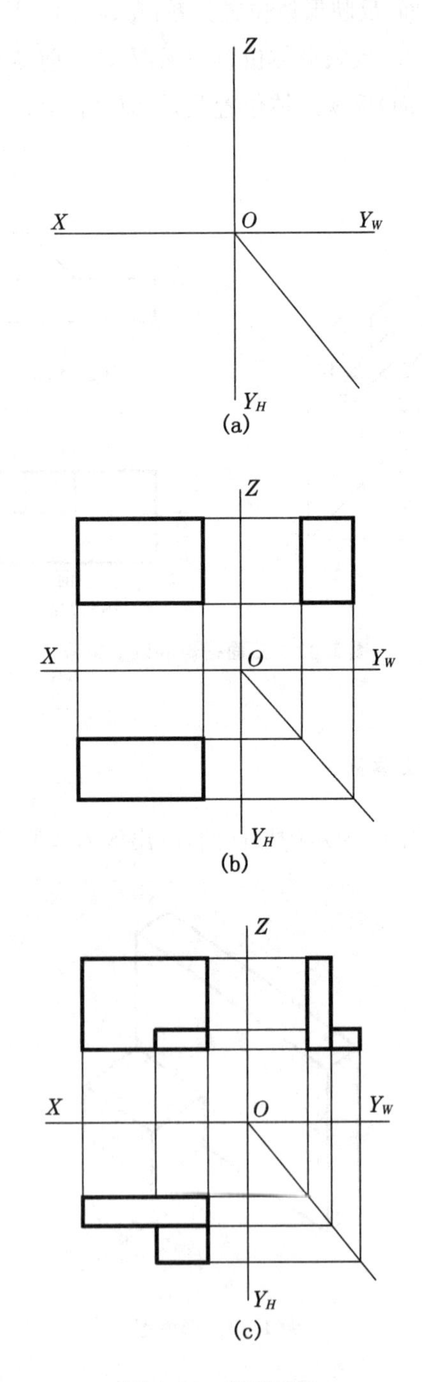

图 1.14 绘图过程

(3) 根据三等关系，画出形体的其余投影，并擦除多余的线条，检查三面投影的完整性并加深图形，如图 1.14c 所示。

说明：绘制三面投影图的长度、宽度、高度，按照 1∶1 直接在形体上量取。最后的绘图结果要加粗，以示绘图结果与作图过程相区分（即绘图结果为粗实线，绘图过程线为细实线）。

例题 1-2　下图为双坡的房屋的立体图，画出该房屋的三面投影图。

解：该立体图比较简单，可以直接绘制投影图。首先绘制十字相交坐标轴，其次画出 W 面投影图，再根据投影的“三等关系”画出 V 面投影图，最后根据 V 面和 W 面投影画出 H 面投影图，最后检查加深图形，如图 1.15 所示。

说明：在画“宽相等”时，可以采用图 1.15c 的 45°法或者图 1.15d 的圆弧法绘制图形。

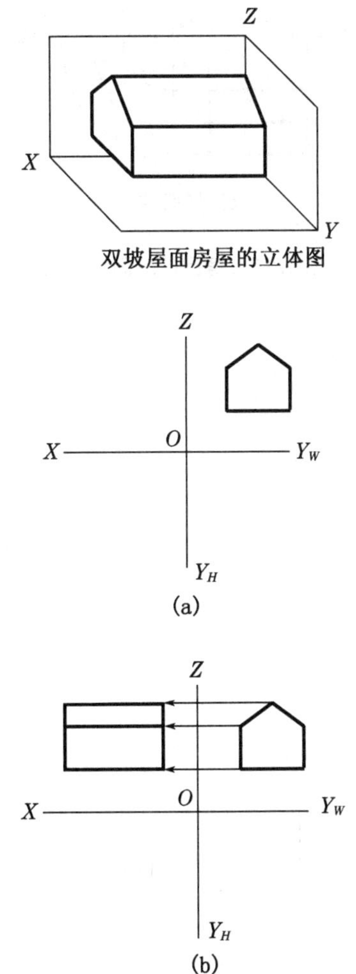

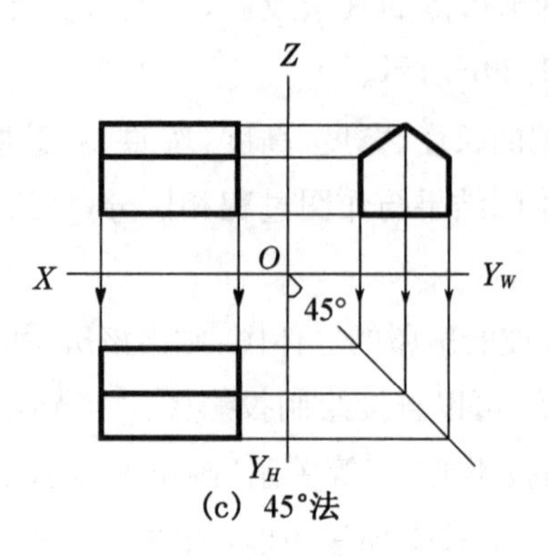

(c) 45°法

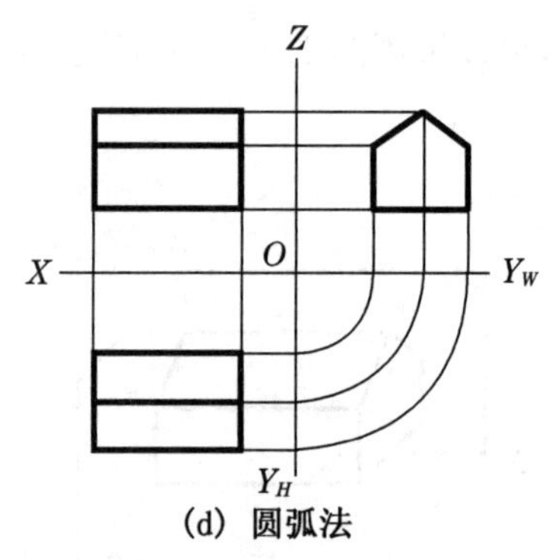

(d) 圆弧法

图 1.15 房屋的三面投影图

1.3　点的投影

1.3.1　点的三面投影

如图1.16所示，在三面投影体系中，空间点A的三面投影点分别为a、a'、a''，a为水平投影，a'为正面投影，a''为侧面投影。将图1.16a展开在一个平面上，就得到空间点A的三面投影图，如图1.16b所示。

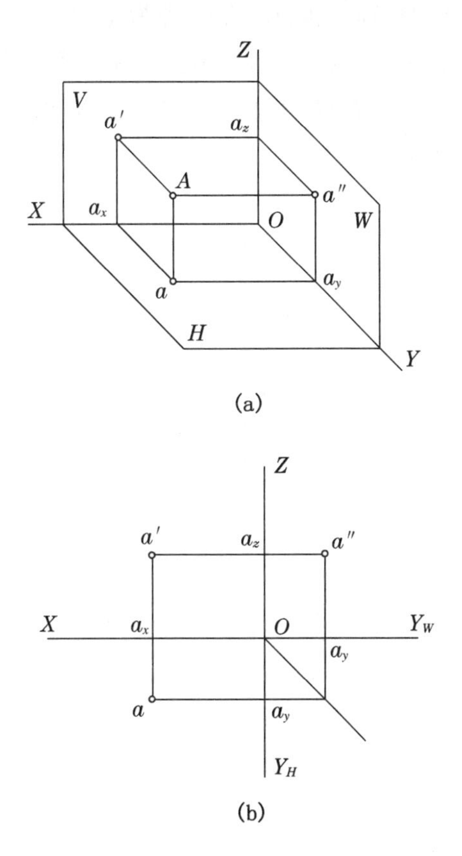

图1.16　点的三面投影

说明：(1) 必须注意 H、V、W 三个投影面的点的标注分别是：a、a'、a''，不能随意更改，H 面字母不带“撇”，V 面字母只能带“一撇”，W 面字母只能带“两撇”。

(2) 点的三面投影仍然要符合“长对正”“宽相等”“高平齐”的三等关系。

1.3.2 点的三面投影规律

如图 1.16b 所示，点的三面投影规律：

(1) 投影的连线垂直于投影轴，如 $aa' \perp OX$，$a'a'' \perp OZ$ 等。

(2) 空间点到投影面的距离，由点的投影到相应投影轴的距离来确定，如图 1.16a 所示：$Aa = a'a_x = a''a_y$，$Aa' = a''a_z = aa_x$，$Aa'' = a'a_z = aa_y$。

例题 1-3 已知空间点 A 在 H 面上，以及空间点 B 的两面投影，求空间点 A 和 B 的其他面投影。

解：

(1) 空间点 A 在 H 面上，其在 H 面的投影即为 a，根据三等关系，空间点 A 在 V 面和 W 面的投影分别在 OX 轴上和 OY 轴上(即为 a' 和 a'')。

(2) 空间点 B 已知两面的投影 b' 和 b''，根据三等关系中“长对正”“宽相等”原则，画出两条垂直于对应投影轴的直线，于 H 面相交于 b 点，即为所求的点。

作图过程如图 1.17b 所示。

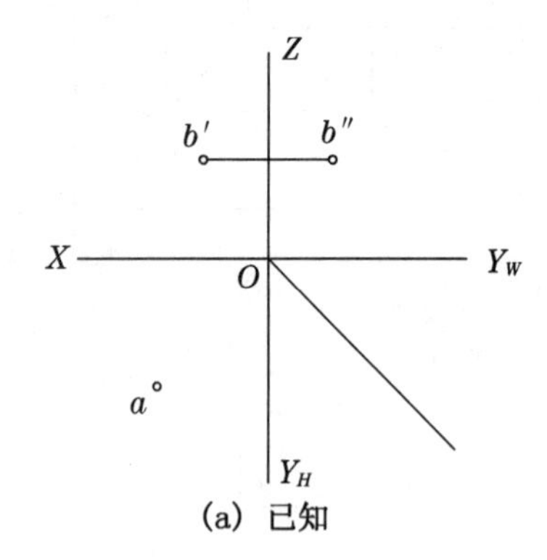

(a) 已知

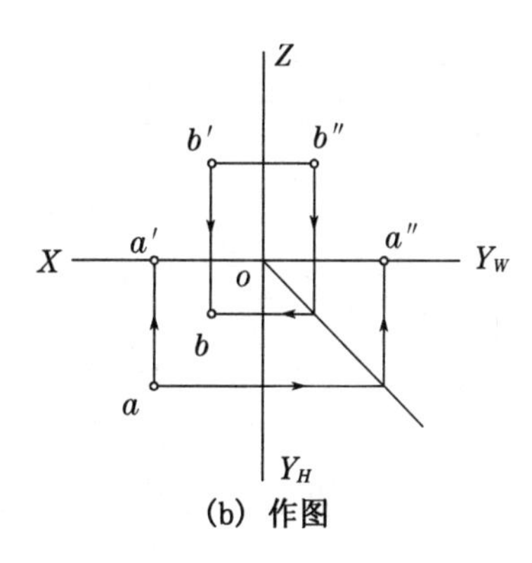

(b) 作图

图1.17　求点的第三面投影

1.3.3　两点的相对位置

1. 两点的相对位置判断

空间两点的相对位置,是以其中一点为基准来判断另一个点在该点的前或后、左或右、上或下的位置关系。

判断方法:

(1) X 坐标大的点在左边,反之为右边;

(2) Y 坐标大的点在前面,反之为后面;

(3) Z 坐标大的点在上面,反之为下面。

例题1-4　试判断图1.18中A、B两点的相对位置。

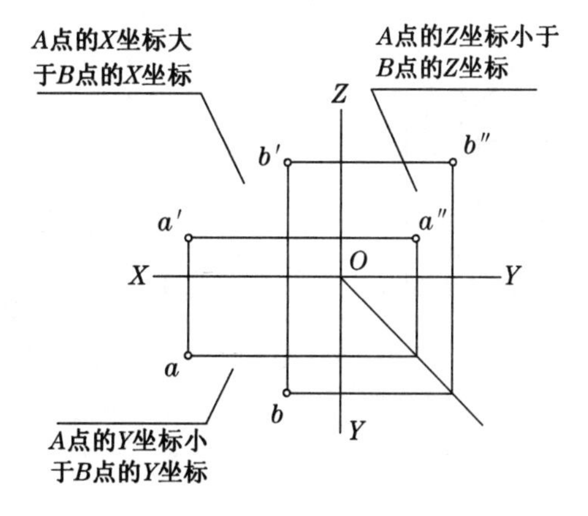

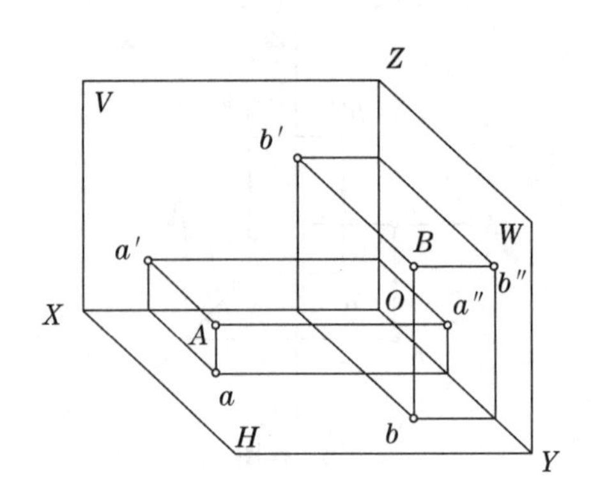

图 1.18　根据两点的投影判断其相对位置

解:如图 1.18 所示,假设以 B 基准点,来判断 A 点相对于 B 点的位置。

(1) A 的 X 坐标大于 B 点的 X 坐标,即 A 点在 B 点的左边;

(2) A 的 Y 坐标小于 B 点的 Y 坐标,即 A 点在 B 点的后面;

(3) A 的 Z 坐标小于 B 点的 Z 坐标,即 A 点在 B 点的下面。

因此,相对于 B 点而言,A 点在 B 点的左、后、下;反之,B 点在 A 点的右、前、上。

2. 重影点

空间两点在某一投影面上的投影重合为一点时,则称此两点为该投影面的重影点。重影点中不可见点应加括号表示。

例题 1－5　如图 1.19a 所示,已知空间点 E 和 F 在 V 面投影是重影点以及它们的两面投影,求点 E 和 F 的第三面投影。

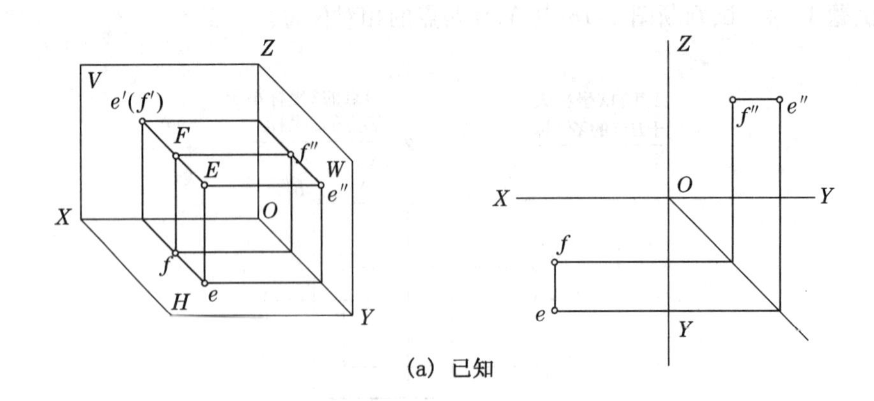

(a) 已知

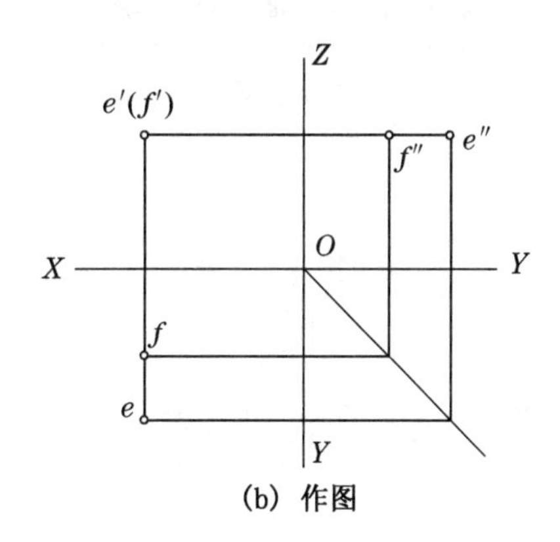

(b) 作图

图 1.19　重影点的投影

解:如图 1.19 所示,已知空间点 E 和 F 的两面投影,根据投影的三等关系中"长对正""高平齐"的原则,画出两条垂直于对应投影轴的直线,此两直线的交点即为重影点(V 面投影),表达形式为"$e'(f')$",如图 1.19b 所示。

说明:因为空间点 E 和 F 在 V 面重影,而且 E 点在 F 点的正前方。因此,在 V 面的投影后 E 点可见,F 点不可见,应注意重影点的表达形式。

3. 投影面上的重影点

投影面上的重影点一般有三种形式:H 面重影点,V 面重影点,W 面重影点。此三种重影点的直观图和投影对照情况,详见表 1-1。

表 1－1　投影面上的重影点

名称	H 面的重影点	V 面重影点	W 面重影点
直观点	Z V a′ A a″ W b′ O X B b″ a(b) H Y	Z V c′(d′) d″ D W C O c″ X d H c Y	Z V e′ f′ E F W X O e″(f″) e f H Y
投影图	Z a′ a″ b′ b″ X O Y_W a(b) Y_H	Z c′(d′) d″ c″ X O Y_W d c Y_H	Z e′ f′ e″(f″) X O Y_W e f Y_H

1.4　直线的投影

1.4.1　直线投影的形成

两点确定一条直线，一条直线的投影可由直线上两点的投影来确定。因此，作直线的三面投影图，首先做出直线上的两点在三个投影面上的投影；其次，分别连接两点的同面投影即可。

已知直线的任意两面投影，可利用点的三面投影规律，分别求两点的第三面投影，并连接所求的两点，即为此直线的第三面投影。

例题1-6　如图1.20a所示，已知直线 AB 的两面投影，求直线 AB 在 V 面的投影。

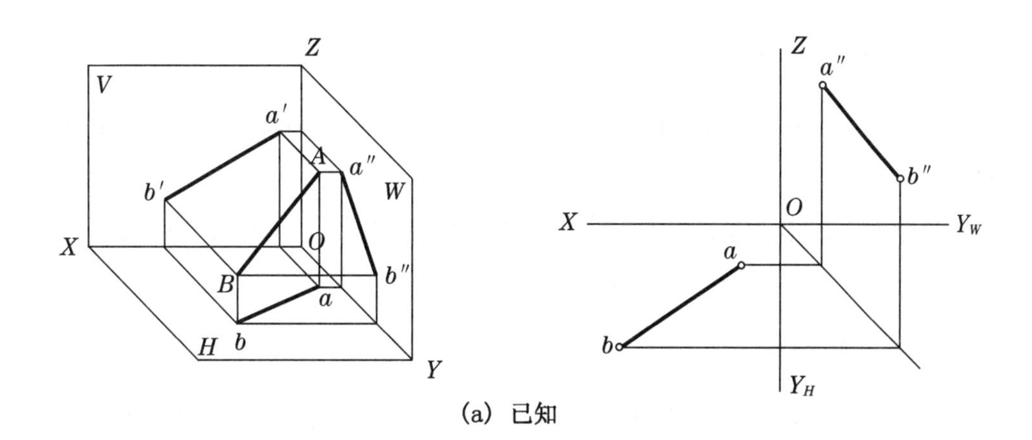

(a) 已知

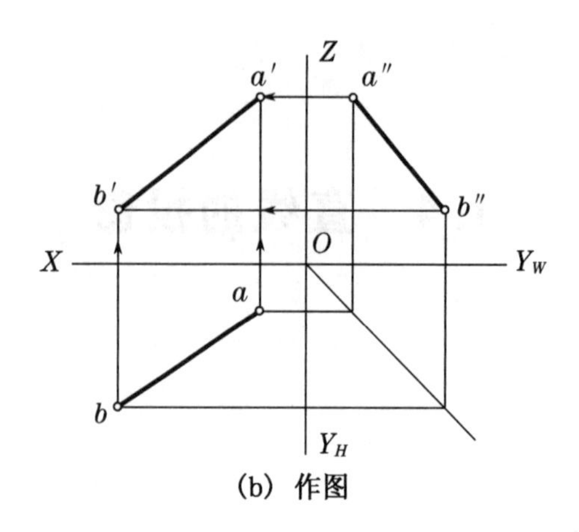

(b) 作图

图 1.20 一般位置直线的投影

解:根据已知条件:直线的 H 面和 W 面投影,按照“三等关系”投影规律,求出 V 面上的 a' 点和 b' 点,然后连线 a' 点和 b' 点,即为 AB 在 V 面的投影。

1.4.2 各种位置直线的投影

空间直线对投影面的相对位置有三种:(1) 一般位置直线;(2) 投影面平行线;(3) 投影面垂直线。其中,投影面平行线和投影面垂直线又称为特殊位置直线。

1. 一般位置直线

一般位置直线是指倾斜于三个投影面的直线。一般位置直线在三个投影面上的投影如图 1.20 所示。

其投影特点:在三个投影面上的投影均与投影轴不平行、不垂直(即三条一般位置直线),且不反映空间直线的实长。

2. 投影面平行线

投影面平行线是指仅平行于一个投影面,而倾斜于另外两个投影面的直线。投影面平行线有三种:水平线、正平线、侧平线。

(1) 水平线:平行于 H 面,倾斜于 V 面和 W 面。

(2) 正平线:平行于 V 面,倾斜于 H 面和 W 面。

(3) 侧平线:平行于 W 面,倾斜于 H 面和 V 面。

其投影特性:一个投影为一般位置直线(反映直线实长),另外两个投影平行于相应的投影轴(即一条一般位置直线,两条平行直线)。如表1-2所示。

表1-2　投影面平行线

名称	直观图	投影图	投影特性
水平线	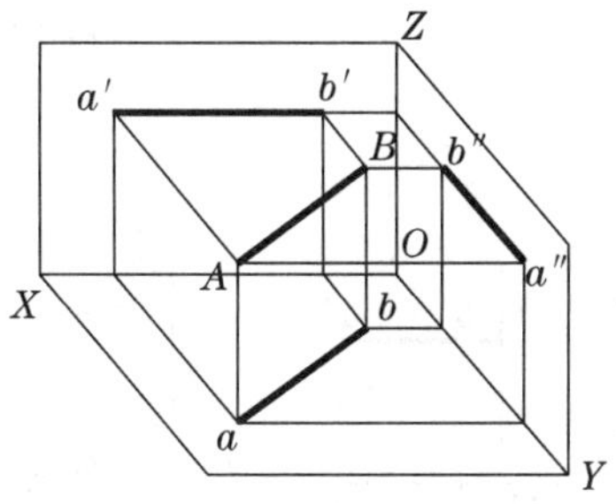	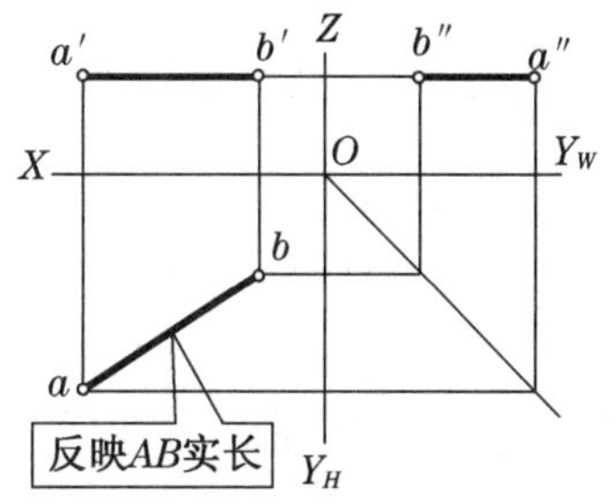 反映AB实长	1. 投影 ab 反映实长; 2. 另外两面投影分别平行于 OX 轴和 OY_W 轴。
正平线	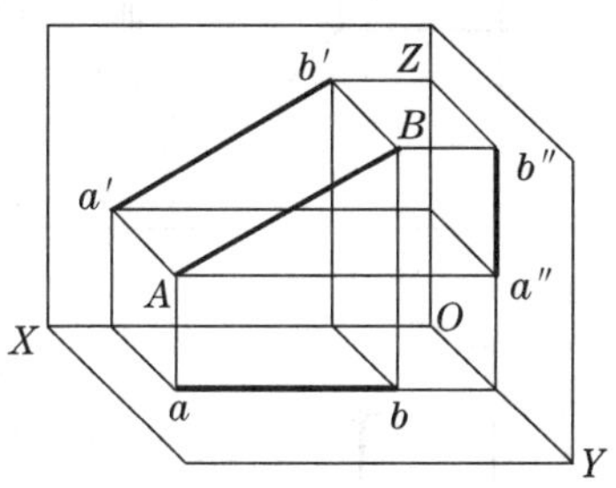	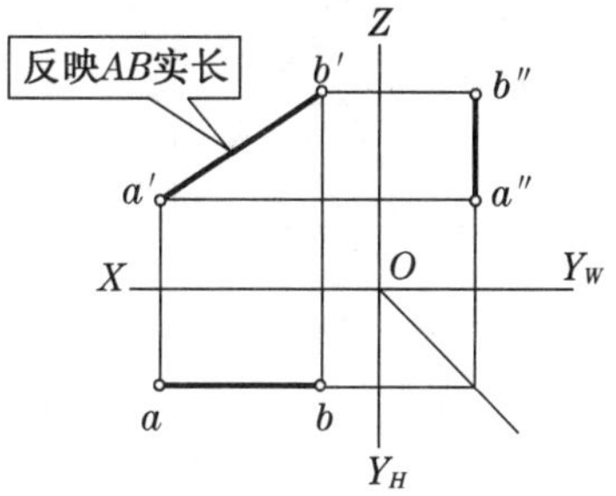 反映AB实长	1. 投影 $a'b'$ 反映实长; 2. 另外两面投影分别平行于 OX 轴和 OZ 轴。
侧平线	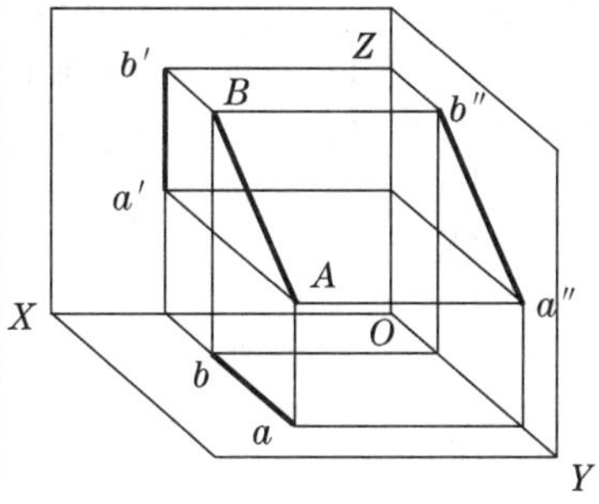	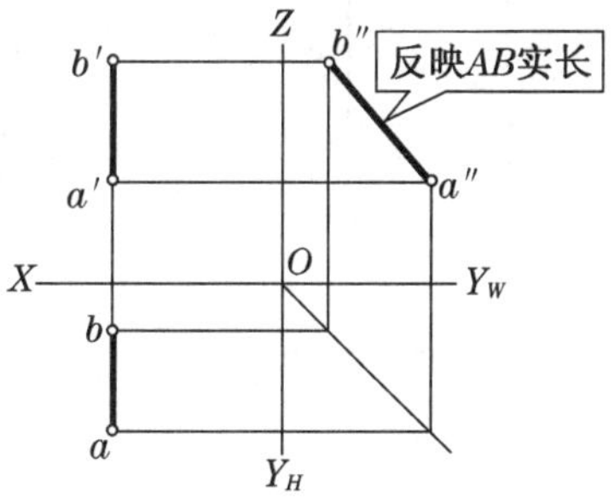 反映AB实长	1. 投影 $a''b''$ 反映实长; 2. 另外两面投影分别平行于 OY_H 轴和 OZ 轴。

3. 投影面垂直线

投影面垂直线是指垂直于一个投影面,同时平行于另外两个投影面的直线。投影面垂直线有三种:正垂线、铅垂线、侧垂线。

(1) 正垂线:垂直于 V 面,平行于 H 面和 W 面。

(2) 铅垂线:垂直于 H 面,平行于 V 面和 W 面。

(3) 侧垂线：垂直于 W 面，平行于 V 面和 H 面。

其投影特性：一个投影为一个点，另外两个投影垂直于相应的投影轴且反映实长（即一点两直线）。如表 1－3 所示。

表 1－3　投影面垂直线

名称	轴测图	投影图	投影特性
正垂线	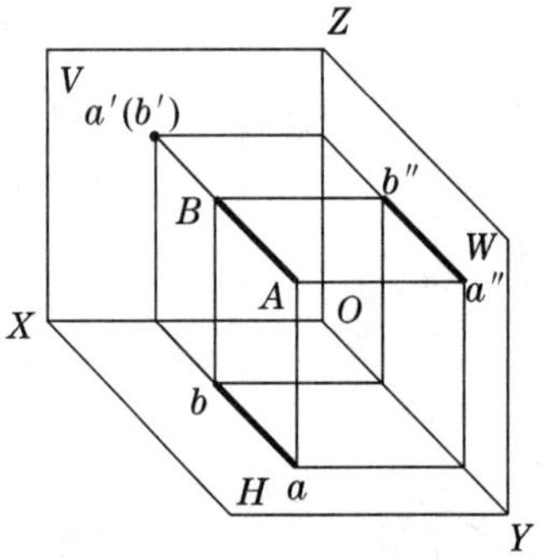	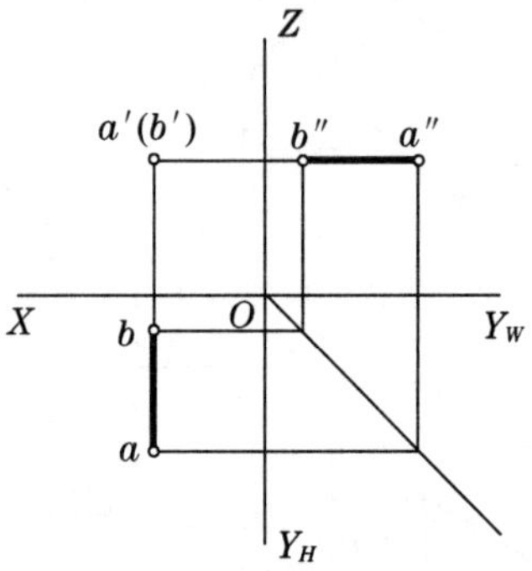	1. 在 V 面上投影为一个点； 2. 另外两面投影分别垂直于 OX 轴和 OZ 轴，且均等于实长。
铅垂线	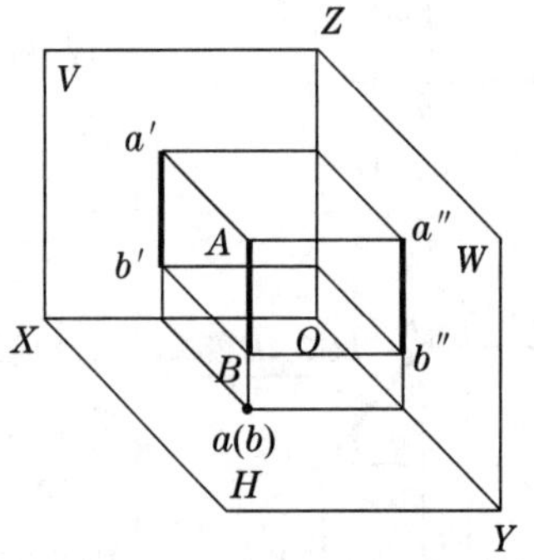	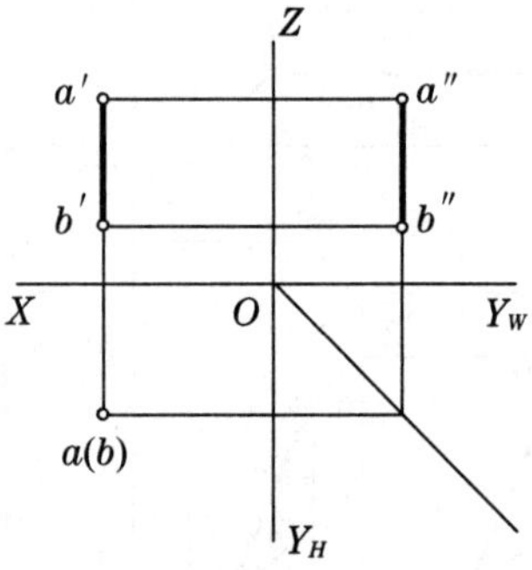	1. 在 H 面上投影为一个点； 2. 另外两面投影分别垂直于 OX 轴和 OY_W 轴，且均等于实长。
侧垂线	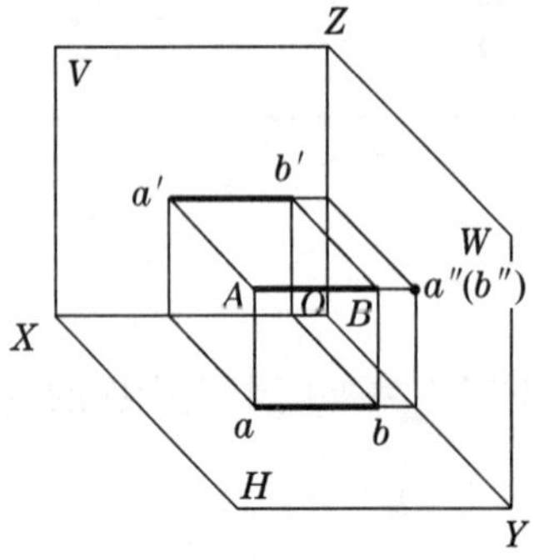	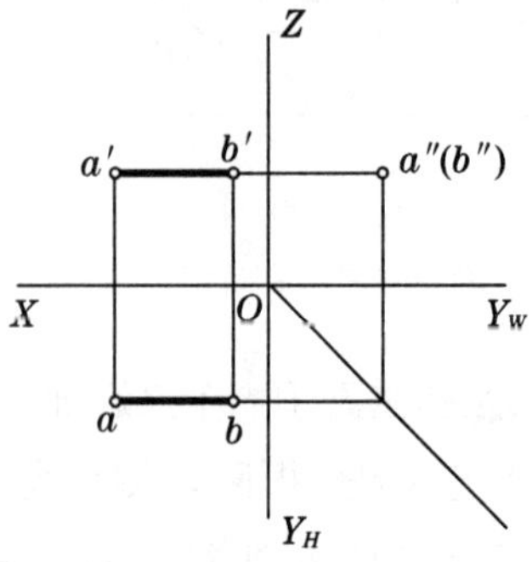	1. 在 W 面上投影为一个点； 2. 另外两面投影分别垂直于 OZ 轴和 OY_H 轴，且均等于实长。

例题 1－7　试判断图 1.21 中直线 SA、SB、BC、AC 的空间位置。

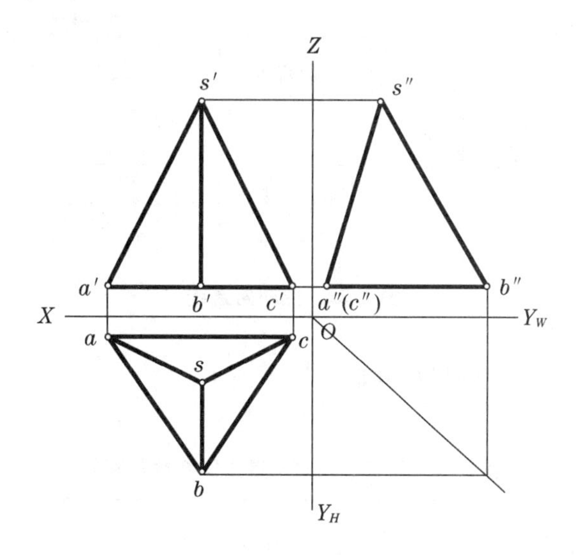

图 1.21　判断直线的空间位置

解：

(1) 直线 SA：空间直线 SA 的三面投影是三条一般位置直线，因此判定 SA 是一般位置直线。

(2) 直线 SB：空间直线 SB 的三面投影是一条一般位置直线（W 面），两条平行直线，因此判定 SB 是侧平线。

(3) 直线 BC：空间直线 BC 的三面投影是一条一般位置直线（H 面），两条平行直线，因此判定 BC 是水平线。

(4) 直线 AC：空间直线 AC 的三面投影是一点（W 面），两条垂直线，因此判定 AC 是侧垂线。

1.4.3　两直线的相对位置

在空间中，两直线的相对位置有三种情况（图 1.22）：平行、相交、交叉。两直线平行和两直线相交的称为同面直线，两条直线交叉的称为异面直线。

(1) 两直线平行：空间中两条直线互相平行。

(2) 两直线相交：空间中两条直线有一个交点。

(3) 两直线交叉：空间中两条直线既不平行也不相交。

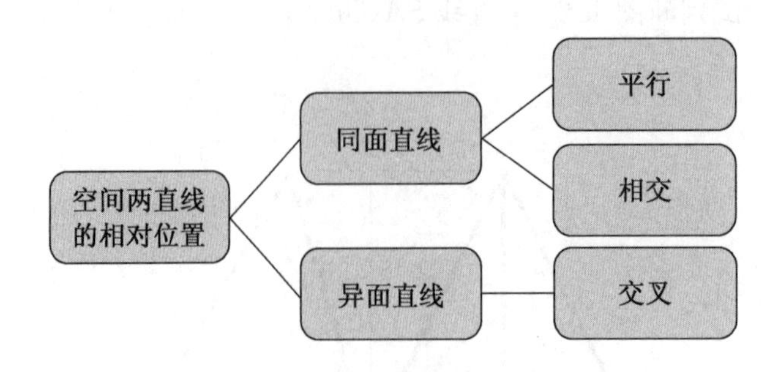

图 1.22　空间两直线

空间两直线的投影特性与判断如表 1-4 所示。

表 1-4　两直线相对位置投影特性与判断

相对位置	平行	相交	交叉
投影图			交点1和2′连线不垂直于OX轴
投影特性	三面投影均为平行线。	三面投影均有交点，且交点符合点的投影规律。	两面或三面投影的交点不符合点的投影规律。
位置判断	1. 如果三面投影均互相平行，则两直线平行。 2. 如果两面投影均为平行线，且为一般位置平行线，则两直线平行。	1. 如果三面投影的交点符合点的投影规律，则两直线相交。 2. 如果两面投影的交点符合点的投影规律，则两直线不一定相交。	1. 如果两面或三面投影的交点不符合点的投影规律，则两直线交叉。 2. 如果三面投影中只有一个交点，其余两面投影为特殊位置的平行线，则两直线交叉。

例题 1-8　如图 1.23a 所示，判断两条直线 AB 和 CD 的相对位置。

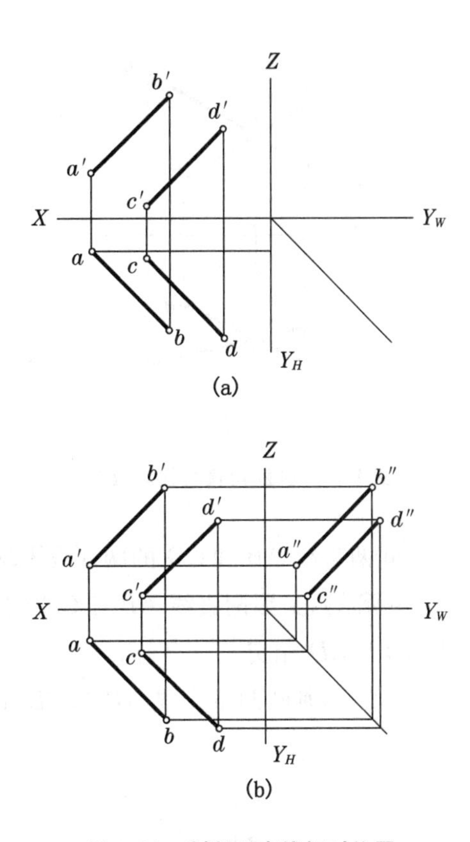

图 1.23　判断两直线相对位置

解：

方法(一)：根据图 1.23a 已知条件，空间直线 AB 与 CD 在 H 面和 V 面的投影均为一般位置的平行直线，即可判断 AB 与 CD 相互平行。

方法(二)：如图 1.23b 所示，根据两面投影，作出两直线的第三面投影，在三个投影面上的投影都为平行线，即可判断 AB 与 CD 相互平行。

例题 1－9　如图 1.24a 所示，判断两条直线 AB 和 CD 的相对位置。

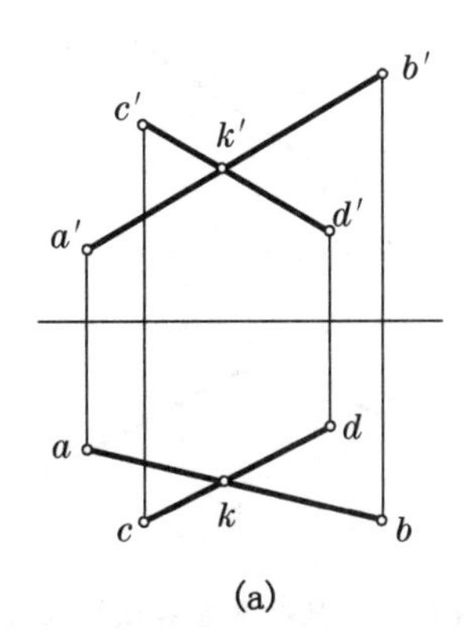

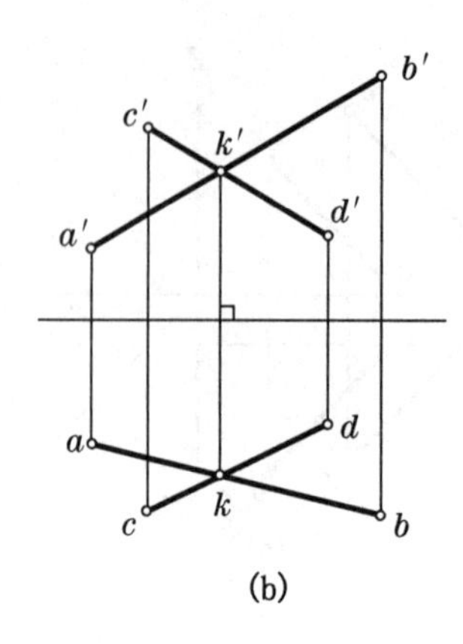

(b)

图 1.24 判断两直线相对位置

解:如图 1.24a 所示,空间两直线 AB 和 CD 的两面投影均有交点,连线 k 和 k' 且垂直于 OX 轴(如图 1.24b 所示),又因两直线 AB 和 CD 的两面投影为一般位置直线,因此,可以判定直线 AB 与 CD 相交。

例题 1-10 如图 1.25a 所示,判断两条直线 AB 和 CD 的相对位置,并判断可见性。

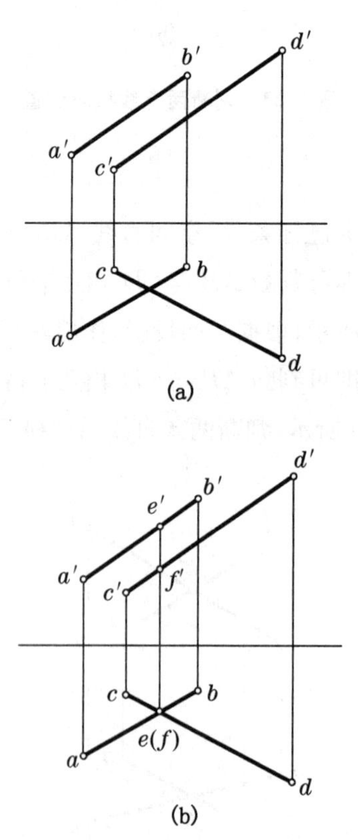

(b)

图 1.25 判断两直线相对位置

解：如图 1.25a 所示，空间两直线 AB 和 CD 的两面投影为：H 面投影有交点，V 面投影互相平行（相当于交点在无穷远处），因此，两投影面的交点连线不垂直于 OX 轴，即可判断直线 AB 与 CD 交叉。

可见性判断：如图 1.25b 所示，过 H 面交点 $e(f)$ 作一条垂直于 OX 轴的直线，分别与 $a'b'$ 和 $c'd'$ 相交于 e' 点和 f' 点，此两点在 H 面的投影为重影点 $e(f)$，因为 e' 点高于 f' 点，因此在 H 面上重影点标注为 $e(f)$。

特别说明：如果 e' 点低于 f' 点，则在 H 面上重影点标注为 $f(e)$。

1.5　平面的投影

由几何学可知，不在同一条直线上的三个点可确定一个平面。因此，平面的空间位置可以用下列几种方法确定：(1) 不在同一条直线上的三个点；(2) 一条直线和直线外的一点；(3) 平行两直线；(4) 相交两直线；(5) 平面图形。如图 1.26 所示，这几种确定平面的方法是可以互相转化的。

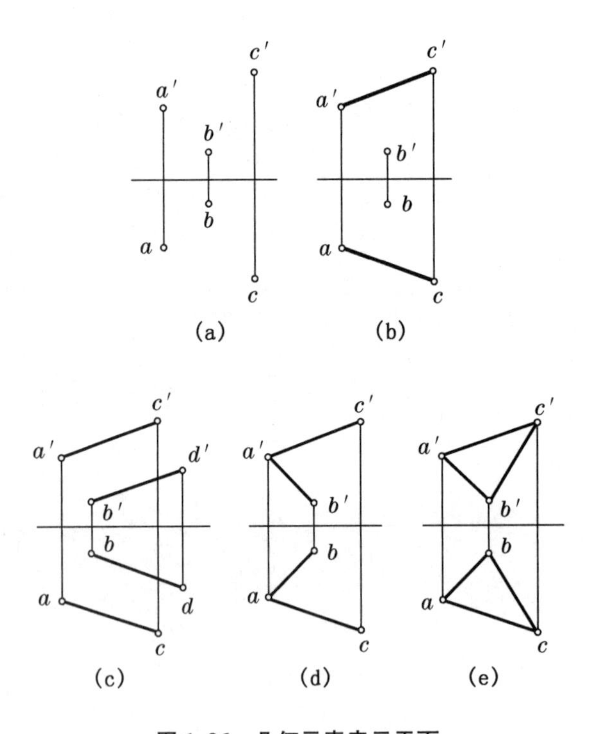

图 1.26　几何元素表示平面

1.5.1　各种位置平面的投影

平面按其与投影面的相对位置分为三种：一般位置平面、投影面平行面、投影面垂直面。下面分别讨论这三种位置平面的投影及投影特性。

1. 一般位置平面

空间平面与三个投影面均相交(或与三个投影面既不平行也不垂直),称为一般位置平面。

一般位置平面的三面投影为三个类似图形,且均小于实形,其投影如图1.27所示。

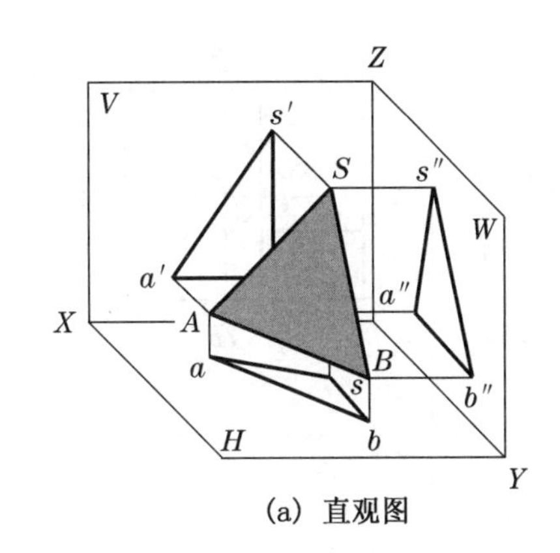

(a) 直观图

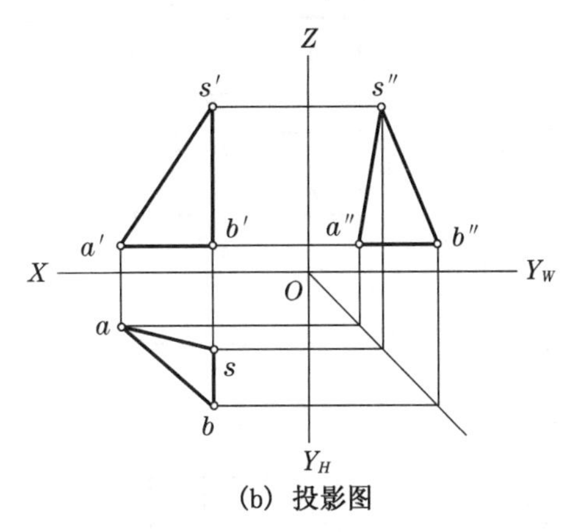

(b) 投影图

图1.27　一般位置平面

2. 投影面平行面

空间平面与三个投影面中的任何一个投影面平行,称为投影面平行面。投影面平行面可分为水平面、正平面、侧平面三种。

水平面:平行于 H 面的平面(且垂直于 V、W 面)。

正平面:平行于 V 面的平面(且垂直于 H、W 面)。

侧平面:平行于 W 面的平面(且垂直于 V、H 面)。

投影面平行面的投影及投影特性见表 1-5。

表 1-5 投影面平行面的投影特性

名称	轴测图	投影图	投影特性
水平面	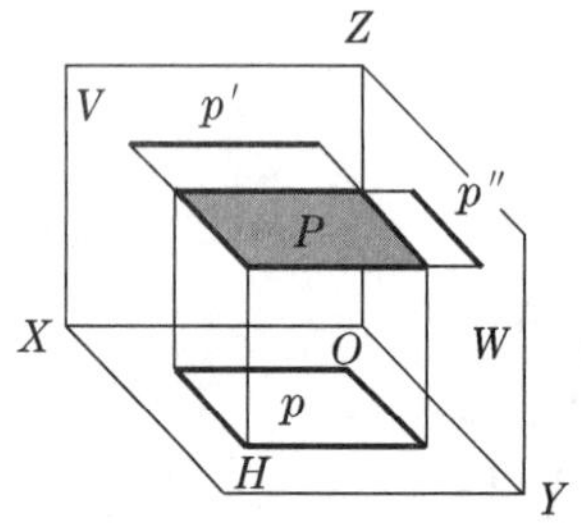	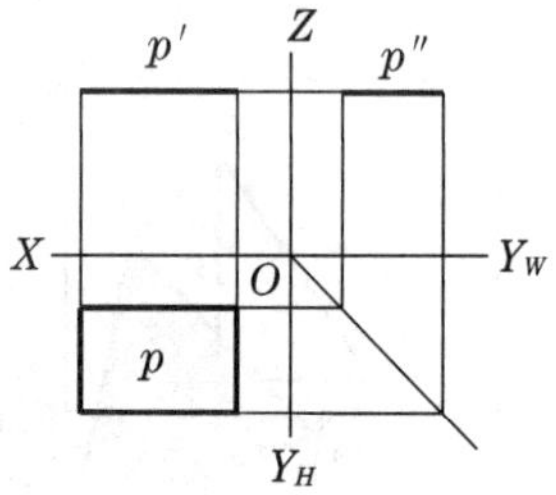	1. H 面投影反映实形; 2. V 面和 W 面的投影积聚成一条直线,分别平行于投影轴 OX、OY_W。
正平面	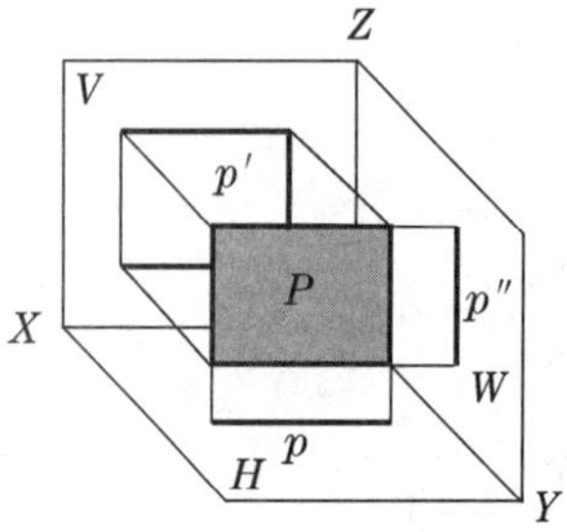	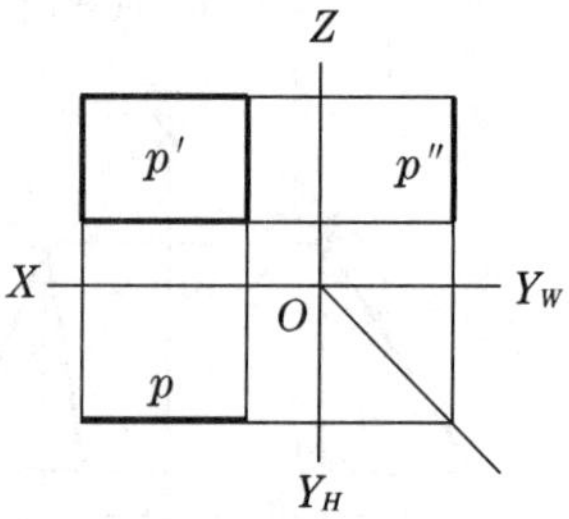	1. V 面投影反映实形; 2. H 面和 W 面的投影积聚成一条直线,分别平行于投影轴 OX、OZ。
侧平面	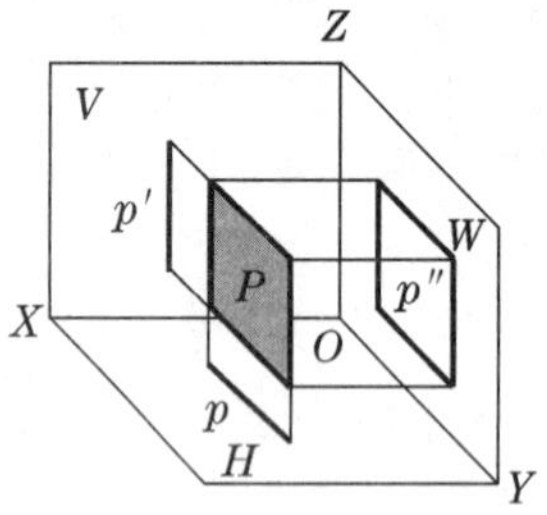	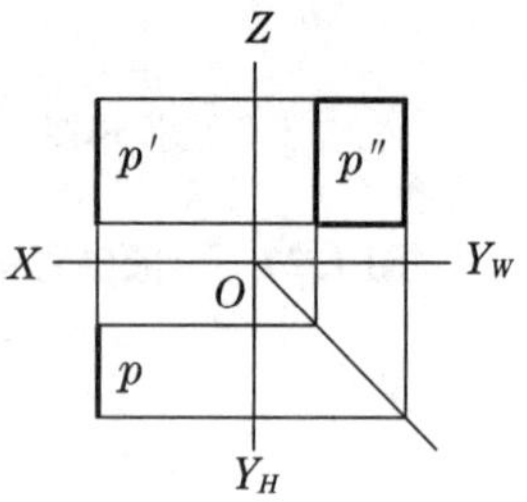	1. W 面投影反映实形; 2. V 面和 H 面的投影积聚成一条直线,分别平行于投影轴 OZ、OY_H。

投影面平行面的投影特性可归纳为:一面两直线。

(1) 在平面所平行的投影面上的投影反映平面图形的实形(即为一面);

(2) 在其他两个投影面上的投影集聚为直线,且平行于相应的投影轴(即为两直线)。

3. 投影面垂直面

空间平面与三个投影面中的任何一个投影面垂直，并与其他两个投影面相交，称为投影面垂直面。投影面垂直面可分为铅垂面、正垂面、侧垂面三种。

铅垂面：垂直于 H 面的平面（且倾斜于 V、W 面）。

正垂面：垂直于 V 面的平面（且倾斜于 H、W 面）。

侧垂面：垂直于 W 面的平面（且倾斜于 V、H 面）。

投影面垂直面的投影及投影特性见表 1－6。

表 1－6　投影面垂直面的投影特性

名称	轴测图	投影图	投影特性
铅垂面	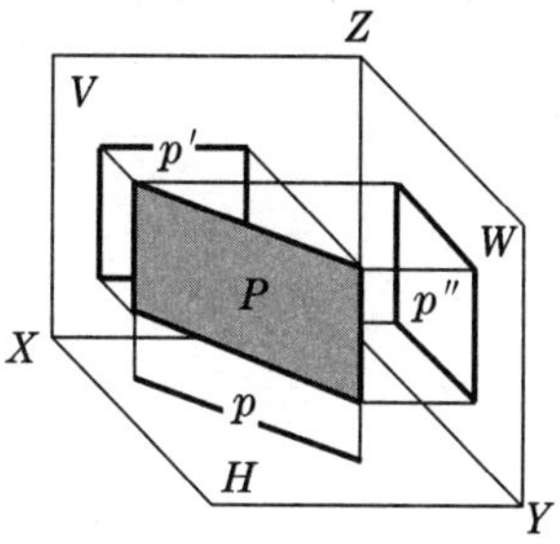	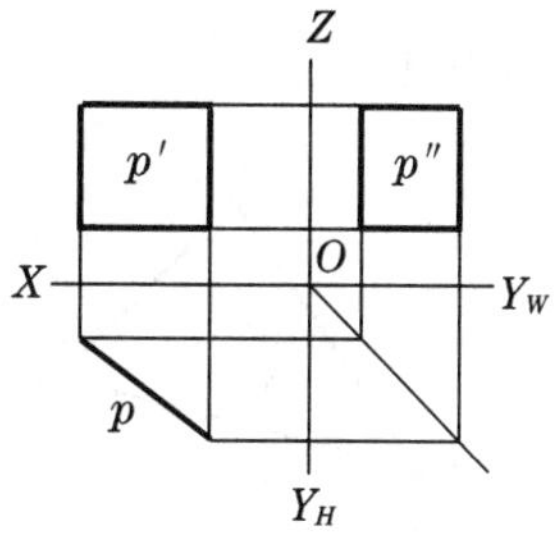	1. H 面投影积聚成一条直线，并与 OX、OY_H 轴相交； 2. V 面和 W 面投影为小于实形的类似图形。
正垂面	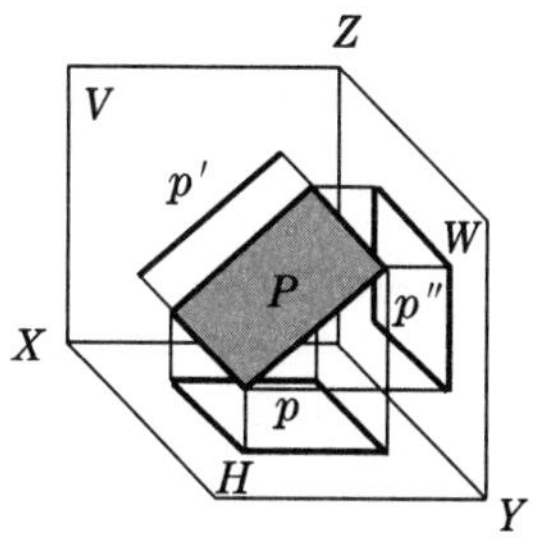	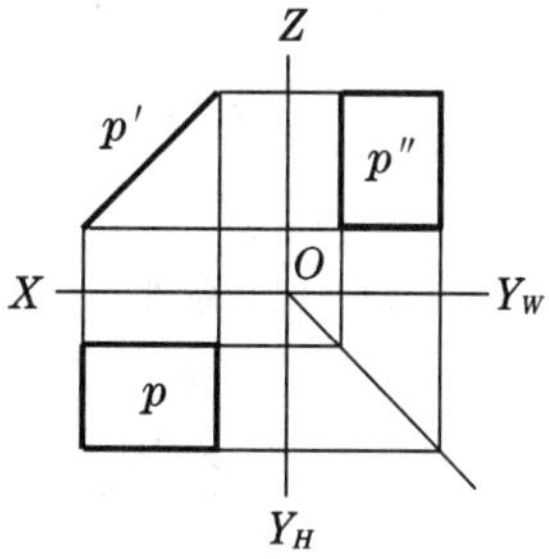	1. V 面投影积聚成一条直线，并与 OX、OZ 轴相交； 2. H 面和 W 面投影为小于实形的类似图形。
侧垂面	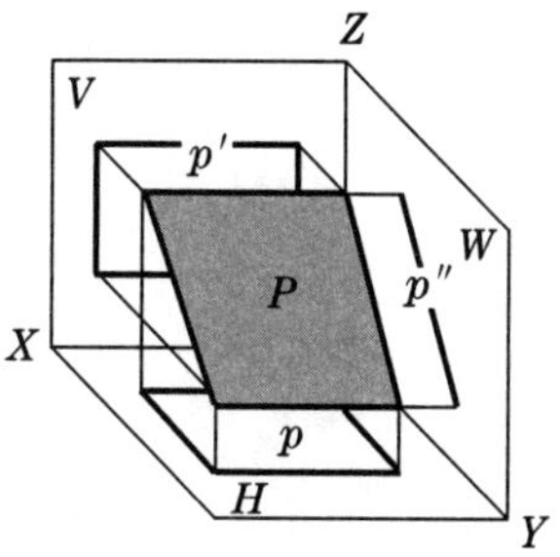	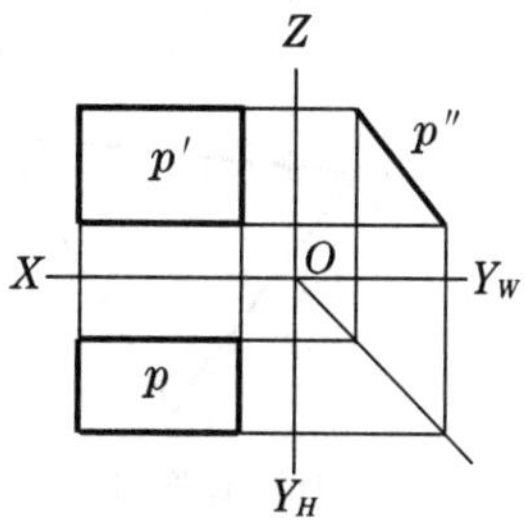	1. W 面投影积聚成一条直线，并与 OZ、OY_W 轴相交； 2. V 面和 H 面投影为小于实形的类似图形。

投影面垂直面的投影特性可归纳为：两面一直线。

(1) 在平面所垂直的投影面上的投影积聚成一条直线，并与其他两个投影轴相交(即为一直线)；

(2) 在其他两个投影面上的投影均为小于实形的类似图形(即为两面)。

1.5.2　平面上的点和直线

1. 平面上的点

平面上取点的几何条件：若点在平面内的任一直线上，则此点一定在该平面上。

根据这些条件，可以判定点是否在平面上，也可以求作平面上点的投影。

例题 1－11　如图 1.28a 所示，已知给定一平面△ABC 和 D 点的两面投影，试判断点 D 是否在该平面△ABC 上。

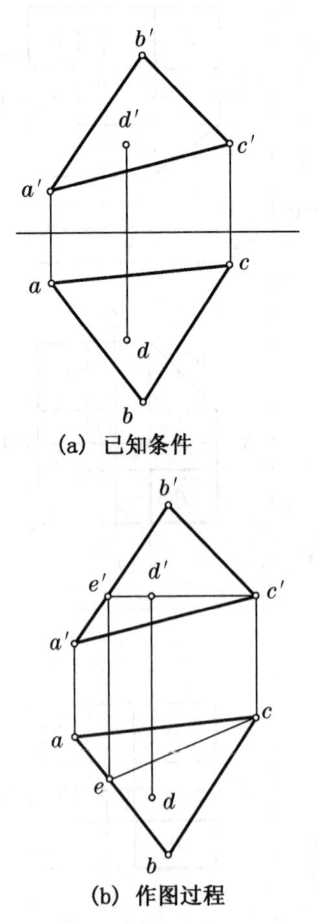

(a) 已知条件

(b) 作图过程

图 1.28　判断点是否在平面上

解:根据平面上取点的几何条件,从已知条件图 1.28a 可作图:过 d' 点连线 $c'd'$ 直线延长至 e' 点(E 点在直线 AB 上),根据"长对正"求出 e 点,连接直线 ce,d 点不在直线 ce 上,由此可判定:D 点不在平面△ABC 上。作图过程如图 1.28b 所示。

例题 1-12　如图 1.29a 所示,已知点 M、N 在平面△ABC 上,求作点 M 和 N 的另一面投影 m' 和 n。

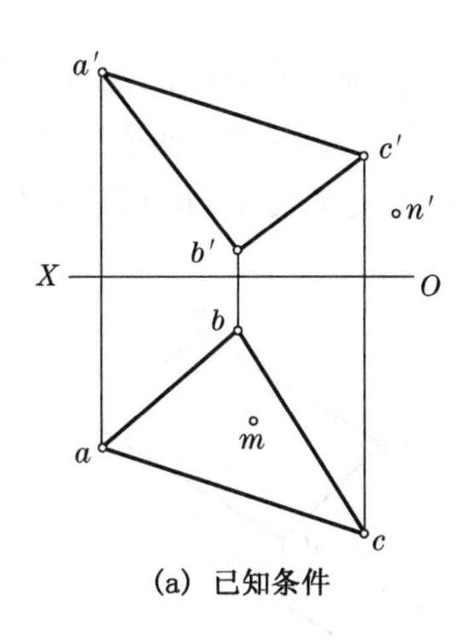

(a) 已知条件

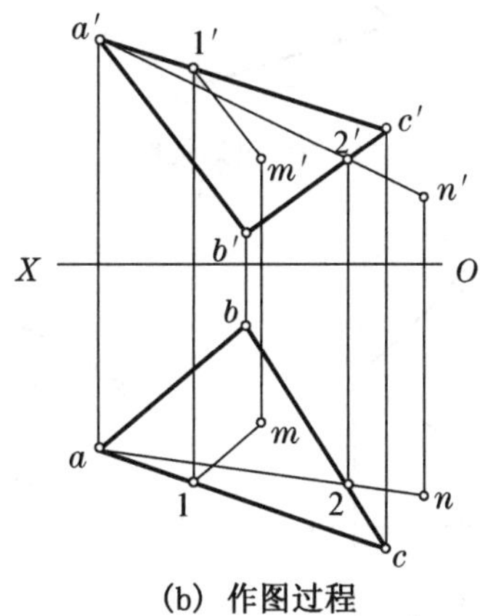

(b) 作图过程

图 1.29　平面上求点

解:已知 M 点和 N 点在平面△ABC 上,根据平面上取点的几何条件:若点在平面内的任一直线上,则此点一定在该平面上。作图过程如下:

(1) 在 H 面上,过 m 点作直线 ab 的平行线 $m1$(1 点在 ac 上),根据"长对正"求出 V 面的 $1'$点,过 $1'$点作一直线平行于 $a'b'$,过 m 点"长对正"与 V 面上的过 $1'$点作平行于 $a'b'$的直线相交于 m'。

(2) 在 V 面上,连接直线 $a'n'$与 $b'c'$相交予 $2'$点。根据"长对正"在 H 面上求出 2 点,连接直线 $a2$ 并延长,过 n'点"长对正"与 $a2$ 延长线相交于 n 点。

2. 平面上的直线

平面上取直线的几何条件：

(1) 一条直线通过平面上两点，则此直线必在该平面上。

(2) 一条直线通过平面上一点，且平行于平面上的另一直线，则此直线必在该平面上。

根据这些条件，可以判定直线是否在平面上，也可以求作平面上直线的投影。

例题 1-13 如图 1.30a 所示，已知平行四边形 $ABCD$ 的 V 投影以及 A 点、B 点、D 点的 H 面投影，直线 AC 是正平线，请补全平行四边形 $ABCD$ 在 H 面的投影。

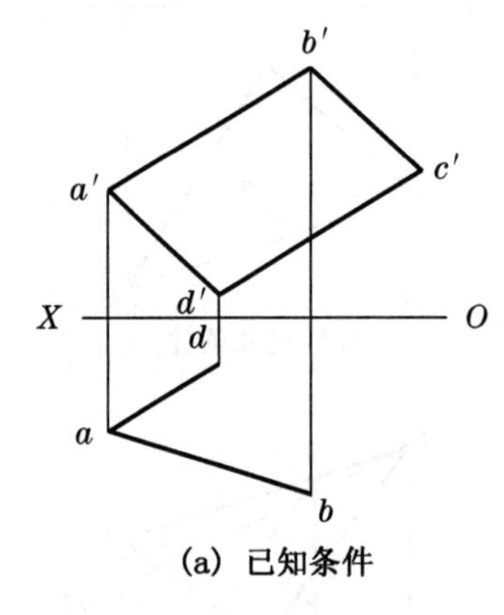

(a) 已知条件

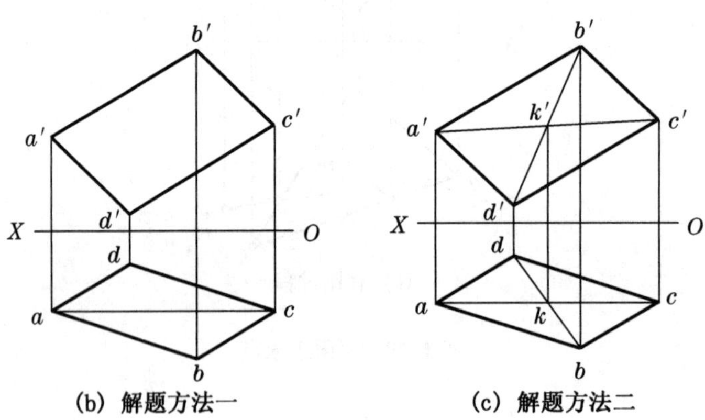

(b) 解题方法一　(c) 解题方法二

图 1.30 补全平面投影

解：此题为平面上取点和取直线。只要在 H 面上确定出 c 点，平行四边形的 H 面投影即可解决。

解题方法(一)：

(1) 因直线 AC 是正平线，所以 AC 在 H 面的投影为一条平行于 OX 轴的直线。

(2) 过 a 点作一直线平行于 OX 轴，过 c'点“长对正”与 H 面过 a 点这一平行于 OX 轴的直线相交于 c 点。

(3) 在 H 面上连接 dc 和 bc。

作图过程如图 1.30b 所示。

解题方法(二)：

(1) 在 V 面上，连接四边形的对角线，得出 k'点；在 H 面上连接 db。

(2) 过 k'点“长对正”与 H 面的 db 相交于 k 点；

(3) 连接 ak 并延长，与过 c'点“长对正”相交 ak 延长线于 c 点；

(4) 在 H 面上连接 dc 和 bc。

作图过程如图 1.30d 所示。

第2章　基本几何体的投影

学习目标

1. 能够掌握常见的基本几何体三面投影的作图方法；
2. 能够掌握常见基本几何体切口投影的作图方法；
3. 具有二维平面和三维空间互相转换的想象能力。

工程上的建筑物、构筑物，都具有外形各异的立体形状，但是无论其外形多么复杂，都可以看成是由一些简单的几何形体组成的，如图2.1所示。这些最简单的具有一定规则的几何形体称为基本几何体。换言之，建筑形体是一个组合体，都可以由若干个简单的基本几何体组成。

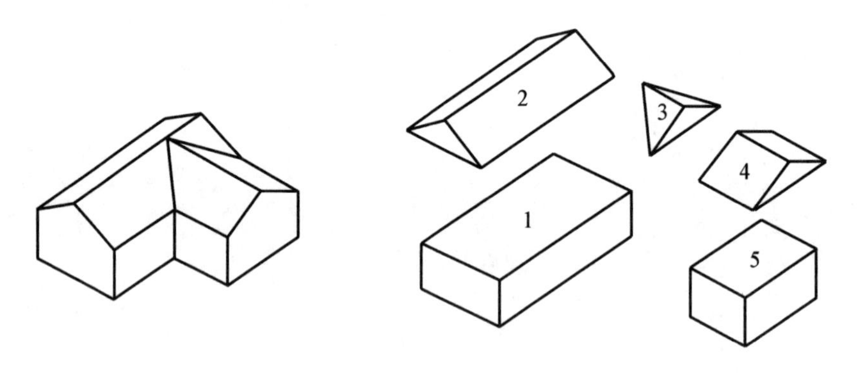

图2.1　建筑形体分解

基本几何体是构成组合体的基本单元。基本几何体可分为平面立体和曲面立体两大类，其中平面立体包括棱柱、棱锥、棱台等，他们都是由平面围成的；曲面立体包括圆柱、圆锥、圆台、球、环体等，它们都是由曲面或曲面和平面围成的。常见的基本几何体如图2.2所示。

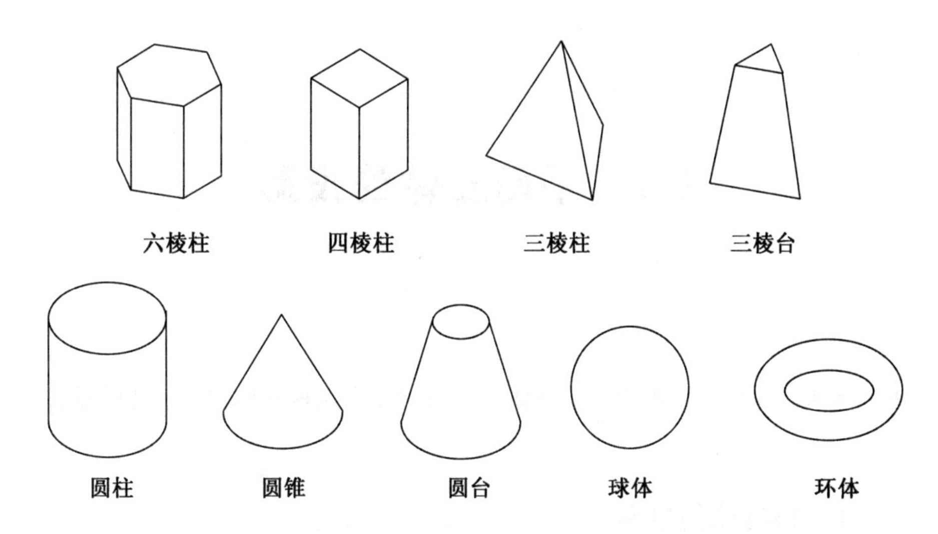

图 2.2　常见的基本几何体

2.1 平面立体的投影

由平面所围成的立体称为平面立体。本节主要介绍棱柱体和棱锥体的投影。

2.1.1 棱柱体的投影

棱柱体包括三棱柱、四棱柱、多棱柱等，最简单的棱柱体是长方体(即四棱柱)。

1. 四棱柱的投影

如图 2.3 所示，以正四棱柱为例，假设将其放置成上、下底面与水平投影面平行，并有两个棱面平行于正投影面(如图 2.3a 所示)。

在 H 面：六个棱面中的上、下两个面均为水平面，它们在 H 面投影重合并反映实形，其余四个面均与 H 面垂直，在 H 面投影积聚为两两相互平行的直线。

在 V 面：六个棱面中的前、后两个面均为正平面，它们的 V 面投影重合并反映实形，其余四个面均与 V 面垂直，在 V 面投影积聚为两两相互平行的直线。

在 W 面：六个棱面中的左、右两个面均为侧平面，它们的 W 面投影重合并反映实形，其余四个面均与 W 面垂直，在 W 面投影积聚为两两相互平行的直线。

因此，四棱柱的三面投影如图 2.3b 所示。

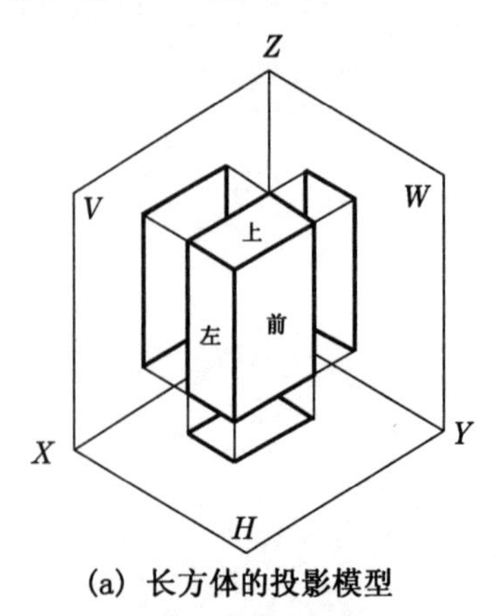

(a) 长方体的投影模型

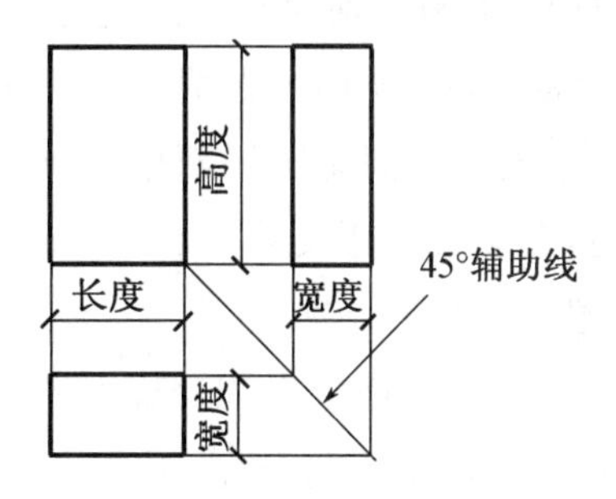

(b) 三面投影及其对应关系

图 2.3　四棱柱的三面投影

2. 三棱柱的投影

如图 2.4 所示，三棱柱共有五个平面，上、下两个平面互相平行，其余三个侧面均与上、下两面垂直。假设将其放置成上、下底面与水平投影面平行，后侧面平行于 V 投影面(如图 2.4a 所示)。

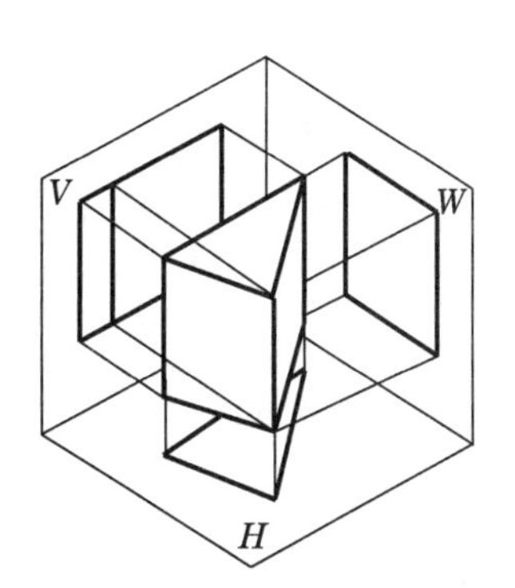

(a) 三棱柱的投影模型

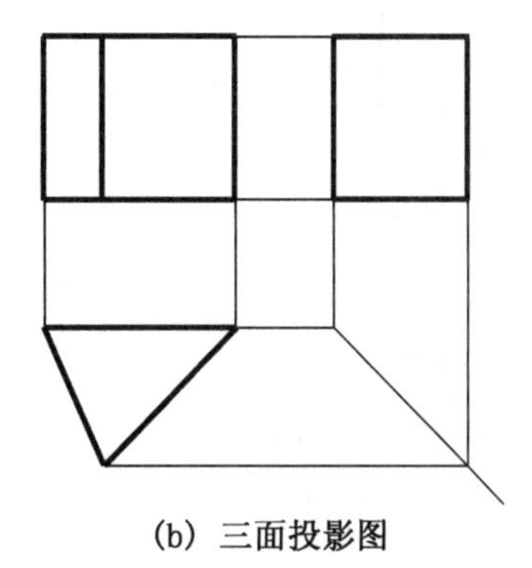

(b) 三面投影图

图 2.4　三棱柱的三面投影

在 H 面：五个棱面中的上、下两个均为水平面，它们在 H 面投影重合并反映实形，其余三个侧面均与 H 面垂直，在 H 面投影积聚为三条直线。

在 V 面：三个侧面中的左右两个侧面与 V 面相交，在 V 面投影为小于实形的类似图形；后侧面与 V 面平行，在 V 面投影反映实形。左、右两个侧面在 V 面投影面积之和等于后侧面在 V 面的投影面积。

在 W 面：上、下两个水平面在 W 面投影积聚成两条直线；后侧面垂直于 W 面，在 W 面也积聚成一条直线；左右两侧面与 W 面相交，在 W 面投影反映小于实形的类似图形并重合。

因此，三棱柱的三面投影如图 2.4b 所示。

例题 2-1 如图 2.5a 所示，已知三棱柱的三面投影，以及三棱柱侧面上的直线 MN 在 V 面的投影，求直线 MN 在其他投影面的投影，并标注出三棱柱各个顶点的投影。

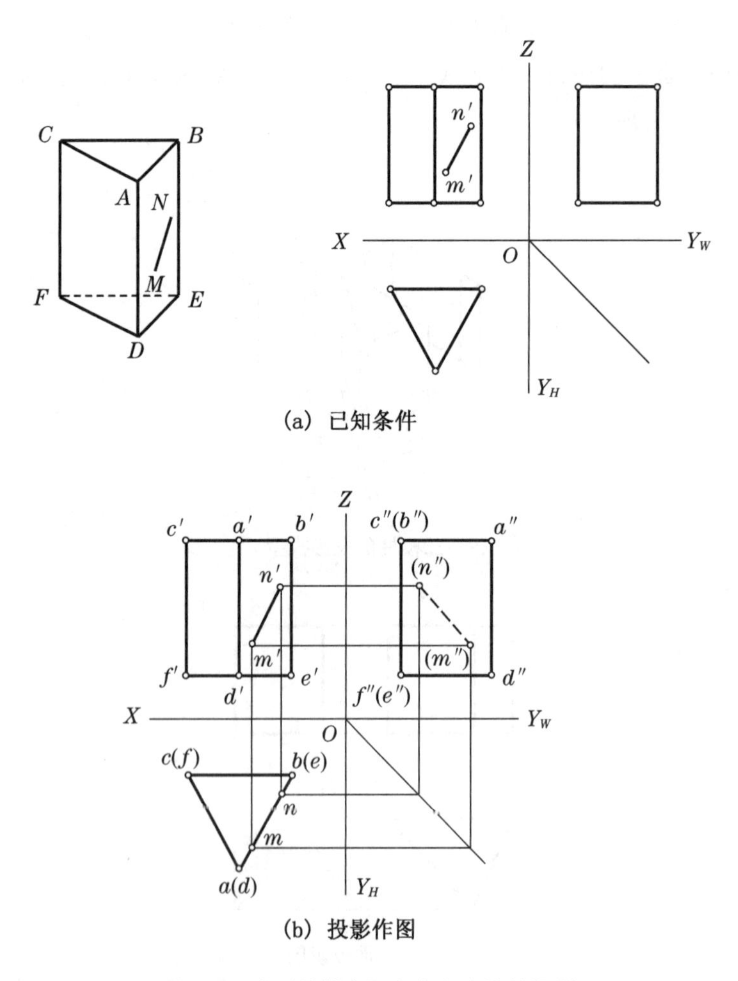

图 2.5 求三棱柱表面上点和直线的投影

解:求直线 MN 的投影:

(1) 三棱柱侧面 $ABED$ 与 H 面垂直,其投影具有积聚性,因此,根据"长对正"在 H 面求出 m 点和 n 点。

(2) 已知 M、N 点的 H 面和 V 面投影,根据"宽相等""高平齐",可求出此两点的 W 面投影。

(3) 在 H 面连线 mn,与 ab 和 de 重合,在 W 面连线 $m''n''$ 为虚线,因为直线 MN 在 W 面投影为不可见,不可见点的表示为:(m'')、(n'')。

标注出三棱柱各顶点的投影:

(1) 在 V 面:三棱柱各顶点 a'、b'、c'、d'、e'、f' 在 V 面投影均为可见。

(2) 在 H 面:a 与 d、b 与 e、c 与 f 在 H 面投影分别重影,因为点 A、B、C 在上方可见,点 D、E、F 分别在点 A、B、C 的正下方被重影为不可见,其投影分别表达为:$a(d)$、$b(e)$、$c(f)$。

(3) 在 W 面:因为点 C、F 分别在点 B、E 的正左边,c'' 与 b''、f'' 与 e'' 在 W 面投影是重影点,其投影分别表达为:$c''(b'')$、$f''(e'')$。

2.1.2　棱锥体的投影

棱锥体包括三棱锥、四棱锥、五棱锥等,最简单的棱锥体是三棱锥。

如图 2.6 所示,以正三棱锥为例,假设将其放置成下底面与水平投影面平行,AC 与 OX 平行。

正三棱锥 $SABC$,共有四个表面,其中△ABC 是水平面,△SAB 和△SBC 是一般位置平面,△SAC 是侧垂面。

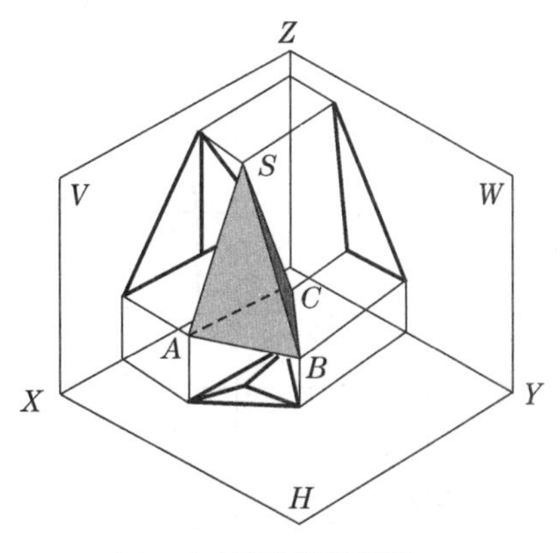

(a) 正三棱锥投影模型

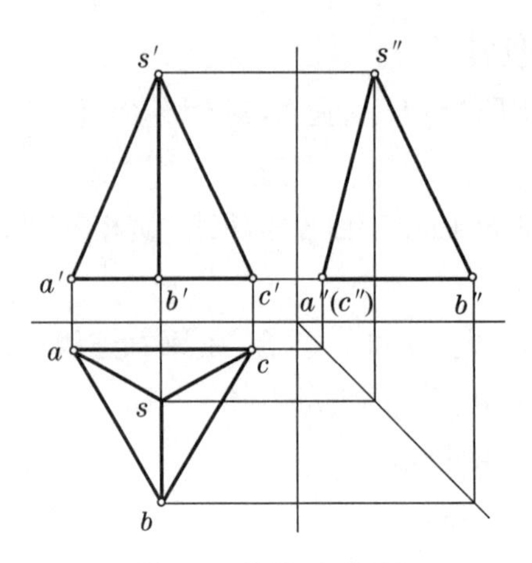

(b) 正三棱锥三面投影

图 2.6 三棱锥的投影

在 V 面：△$s'a'b'$、△$s'b'c'$、△$s'a'c'$是三棱锥的三个侧面的投影。底面△ABC 投影积聚成一条水平线；

在 H 面：底面△ABC 投影反映实形；锥顶 S 投影位于△ABC 的中心，它与三个角点的连线分别是：sa、sb、sc。△SAB、△SBC、△SAC 三个投影面积之和等于△ABC 的投影面积。

在 W 面：△SAC 是侧垂面，在 W 面投影积聚成一条直线 $s''a''$，△ABC 是水平面在 W 面投影积聚成一条水平线 $a''b''$。两个侧面△SAB、△SBC 在 W 面投影重合。

例题 2－2 如图 2.7a 所示，已知正三棱锥的表面上 M 点和 N 点的 V 面投影，求 M 点和 N 点在其余投影面的投影。

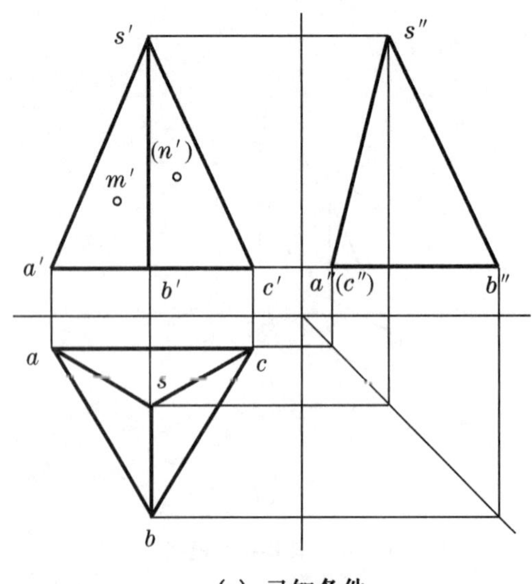

(a) 已知条件

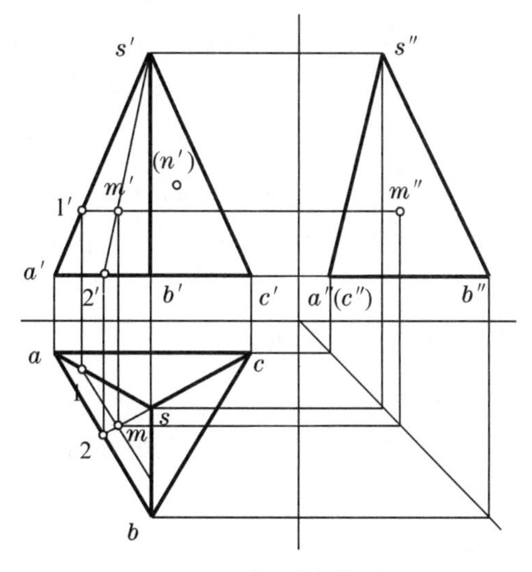

(b) 求M点的投影

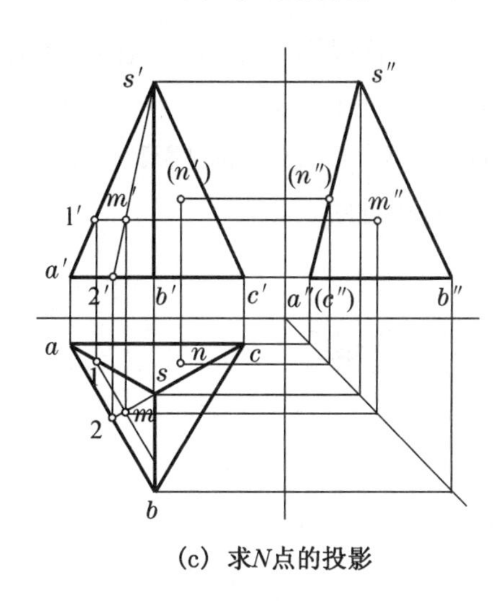

(c) 求N点的投影

图 2.7　正三棱锥面上求点的投影

解:由已知条件可知,在 V 面投影上:M 点在$\triangle SAB$ 平面上是可见的;N 点在$\triangle SAC$ 平面上不可见。

1. 求 M 点的其余两面投影

方法一:(1) 在 V 面过 s'点连接 $s'm'$ 延长与 $a'b'$ 相交于 $2'$点。(2) 过 $2'$点根据“长对正”在 H 面求出 2 点,连线 $s2$。(3) 过 m'点根据“长对正”在 H 面上与 $s2$ 相交于 m 点。(4) 根据“宽相等”“高平齐”,可求出 W 面的 m''点。

说明:(1) M 点在三个投影面均为可见。(2) 方法一是利用过锥顶 S 点作辅助线,通过该辅助线求出 M 点的其余两面投影。

方法二：(1) 在V面过m'作一条直线$m'1'$平行于直线$a'b'$。(2) 过$1'$点根据“长对正”在H面求出1点，过1点作一条直线平行于ab。(3) 过m'点根据“长对正”在H面上与过1点的平行直线相交于m点。(4) 根据“宽相等”“高平齐”，可求出W面的m''点。

说明：方法二是通过m'点作平行线，利用“空间两平行线在三面投影中均互相平行”和“点在直线上，则点的投影必定在直线的投影上”的投影特性，求出M点的其余两面投影。

求M点的投影，其作图过程见图2.7b。

2. 求N点的其余两面投影

因N点在$\triangle SAC$平面上，而且平面$\triangle SAC$是侧垂面，在W面上的投影有积聚性。

(1) 过(n')点，根据“高平齐”与直线$s''a''$相交于(n'')点。(2) 过(n')点和(n'')点，根据“长对正”“宽相等”在H面上求出n点。

说明：此题求N点的其余两面投影，可以采用过锥顶S点作辅助线的方法，但要注意其作图的准确性，否则在W面上求出的(n'')点会产生偏差。如果题中的直线或平面有“投影积聚性”，应优先采用“积聚性”的投影特性求点的投影。

求N点的投影，其作图过程见图2.7c。

2.1.3 平面立体的切口投影

平面立体的切口，如图2.8所示。三棱锥被一个截平面切割，切割后的截断面就是平面立体的切口。如要求出平面立体的切口投影，实际是要先求出平面立体与截平面的交点(即截交点)的投影，然后连线各个截交点。

三棱锥各个顶点的连线称为棱线，三棱锥各个平面称为棱面。

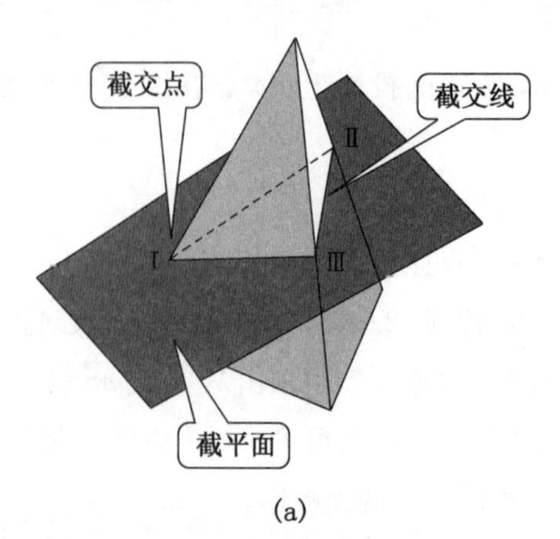

(a)

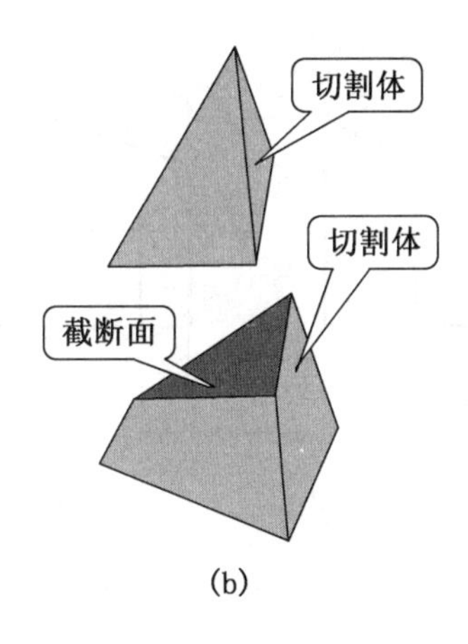

(b)

图 2.8　平面立体的切口

1. 棱柱体的切口投影

例题 2-3　如图 2.9a 所示，五棱柱被一截平面 P 切割，已知切割后五棱柱的 V 面投影，截平面 P 为正垂面，求五棱柱三面的切口投影。

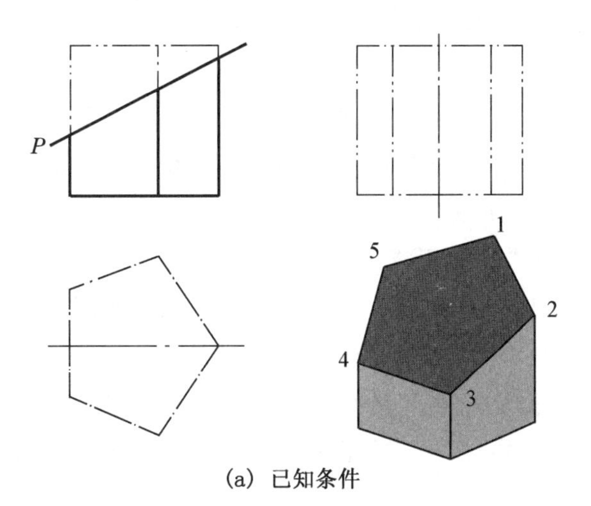

(a) 已知条件

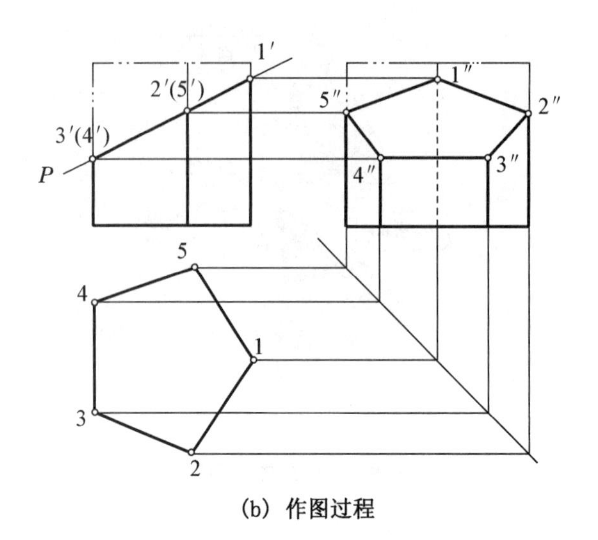

(b) 作图过程

图 2.9 五棱柱的切口投影

分析:要求出五棱柱的切口投影,只要求出五棱柱的 5 个截交点的投影,然后按照顺序把"同一棱面上的截交点"连线,并判断截交线的可见性,可见的截交线以实线表示,不可见的截交线以虚线表示。

解:

(1) 在 V 面:按照顺序标注上 5 个截交点 1′、2′、3′、4′、5′,其中 2′与 5′以及 3′与 4′在 V 面是重影点。因截平面 P 是正锤面,在 V 面积聚成一条直线,因此,V 面的切口投影为一条直线,且为可见直线。

(2) 在 H 面:根据"长对正"求出 5 个截交点 1、2、3、4、5,因五条截交线 1—2、2—3、3—4、4—5、5—1 均在 5 个垂直于 H 面的棱面上,五个棱面投影在 H 面有积聚性,因此,五条截交线与五个棱面投影重合,且均为可见。

(3) 在 W 面:根据"宽相等""高平齐"分别求出 1″、2″、3″、4″、5″。

按照 1″—2″—3″—4″—5″—1″顺序连线,从左往右看 W 面上的五条截交线均为可见。

(4) 在 W 面:竖向五条棱线和底平面加粗,其中间一条棱线从左往右看,为不可见,所以用虚线表示。

说明:棱柱体切口投影的各条截交线要加粗,切割体各条棱线也要加粗,详见图 2.9b。

2. 棱锥体的切口投影

例题 2-4 如图 2.10a 所示,四棱锥被一截平面 P 切割,已知切割后四棱锥的

V 投影，截平面 P 为正锤面，求四棱锥三面的切口投影。

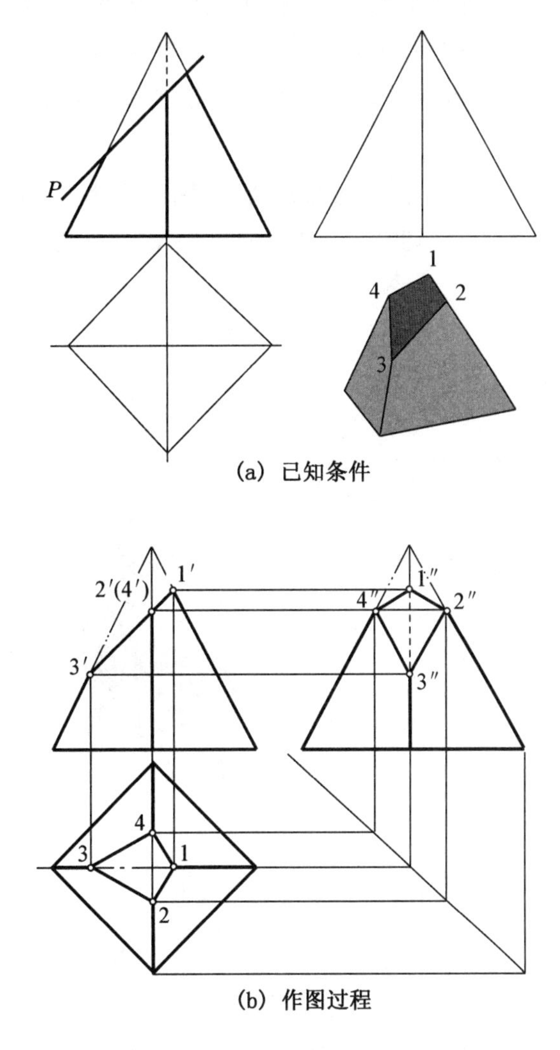

图 2.10　四棱锥的切口投影

分析： 四棱锥切口投影的解题思路同前五棱柱的切口投影。

解：

(1) 在 V 面：按照顺序标注上 4 个截交点 1′、2′、3′、4′，其中 2′与 4′在 V 面是重影点。因截平面 P 是正锤面，在 V 面积聚成一条直线，因此，V 面的切口投影为一条直线，且为可见直线。

(2) 在 H 面：根据“长对正”求出 2 个截交点 3、1，根据“高平齐”在 W 面上求出 4″、2″，再根据“长对正”“宽相等”在 H 面求出 4、2，按照 1—2—3—4—1 顺序连线，从上往下看在 H 面四条截交线均为可见。

(3) 在 W 面：根据“高平齐”分别求出 1″、3″。按照 1″—2″—3″—4″—1″顺序连线，

从左往右看 W 面上的四条截交线均为可见。

(4) 在 W 面:过锥顶的四条棱线和底平面加粗,其中间一条棱线从左往右看,为不可见,所以用虚线表示。同理,在 H 面,四条棱线和底平面线条都要加粗。

说明:棱锥体切口投影的各条截交线要加粗,切割体各条棱线也要加粗,详见图 2.10b。

例题 2-5　如图 2.11a 所示,三棱锥被两个截平面切割,一个截平面为正垂面,另一个截平面为水平面。已知切割后三棱锥的 V 面投影,求三棱锥的切口投影。

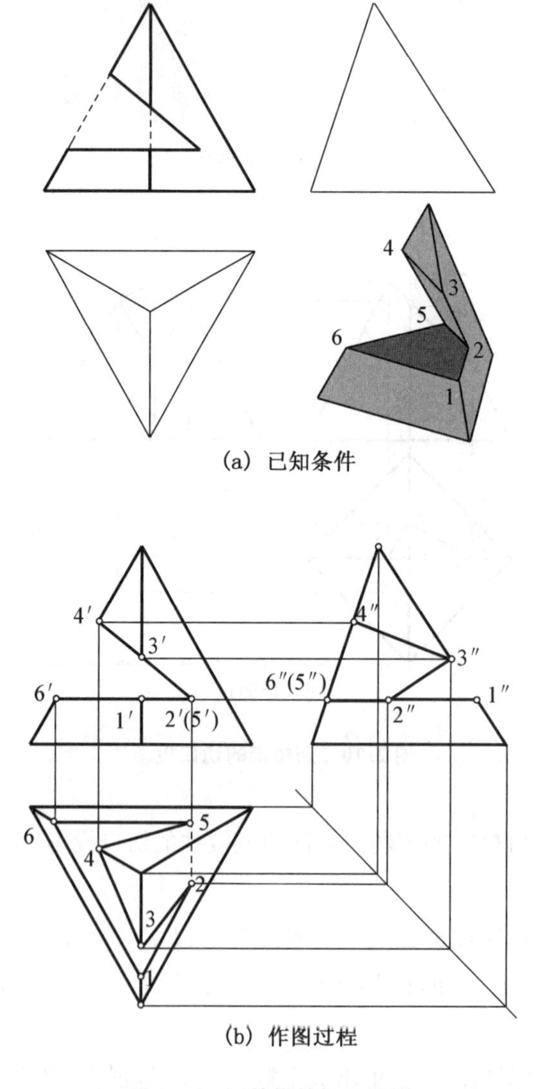

图 2.11　三棱锥的切口投影

分析:三棱锥切口投影的解题思路同前四棱锥的切口投影。

解：

(1) 在 V 面：按照顺序标注上 6 个截交点 $1'$、$2'$、$3'$、$4'$、$5'$、$6'$，其中 $2'$ 与 $5'$ 在 V 面是重影点。因两个截平面均与 V 面垂直，在 V 面积聚成两条直线，因此，V 面的切口投影为两条相交直线，且均为可见直线。

(2) 在 W 面：根据“高平齐”分别求出 $1''$、$3''$、$4''$、$5''$、$6''$，其中 $5''$、$6''$ 两点在 W 面是重影点。根据“长对正”在 H 面上求出 2 点(利用 2 点在水平面上的投影)，再根据“宽相等”在 W 面求出 $2''$ 点。

按照 $1''$—$2''$—$3''$—$4''$—$5''$—$6''$—$1''$ 顺序连线，从左往右看 W 面上的六条截交线均为可见(其中截交线 $1''2''$ 和截交线 $2''5''$ 的投影被截交线 $1''6''$ 投影重合)。

(3) 在 H 面：根据“长对正”求出截交点 6、4。过 6 点分别作两条平行于底平面两条边的平行线，可先求出 1 点，再根据“长对正”求出 5 点。根据“宽相等”求出 3 点。

按照 1—2—3—4—5—6—1 顺序连线，从上往下看在 H 面的六条截交线均为可见。

请注意：还有一条交线是 2 点和 5 点连线，在 H 面为不可见，用虚线表示。

说明：棱锥体切口投影的各条截交线要加粗，切割体各条棱线也要加粗，详见图 2.11b。

2.2　曲面立体的投影

由曲面所围成的立体或者由曲面和平面所围成的立体称为曲面立体。常见的曲面立体有圆柱、圆锥、圆台、球体、圆环等，本节主要介绍圆柱、圆锥、球体的投影。

(一) 曲面

曲面可以看成是由直线或曲线在空间按一定规律运动所形成的。这条运动的直线或曲线称为曲面的母线。母线移动到曲面上的任一位置时，称为曲面的素线，如图2.12所示。

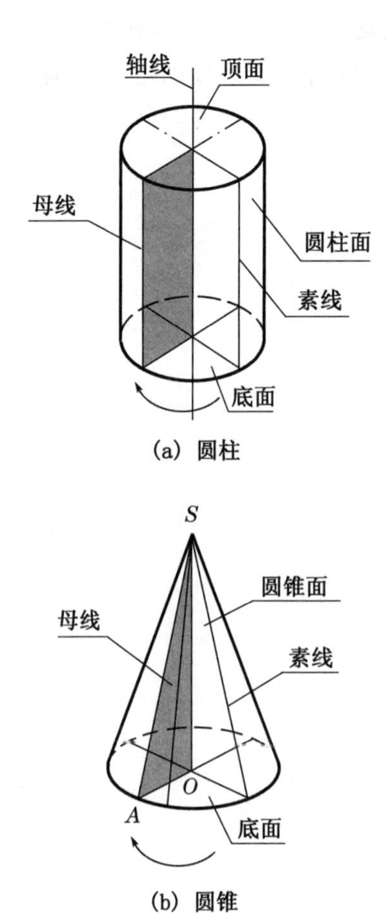

(a) 圆柱

(b) 圆锥

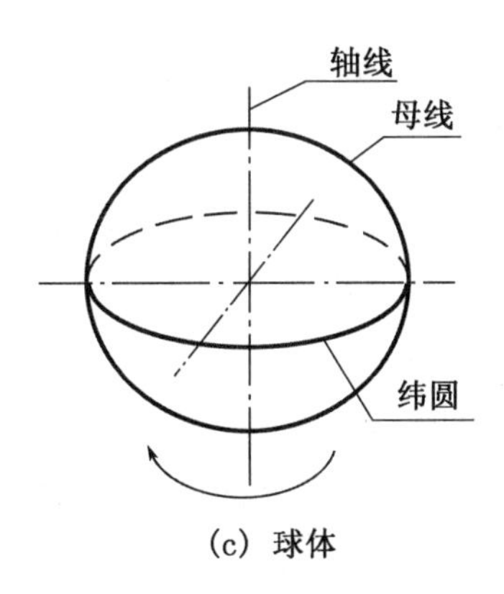

(c) 球体

图 2.12　曲面及其素线

曲面可以分为直线曲面和曲线曲面。

1. 直线曲面

由直线运动而形成的曲面称为直线曲面,如圆柱曲面、圆锥面。

圆柱曲面是由一条直线围绕一条轴线并始终保持平行和等距旋转而成的,如图 2.12a 所示。

圆锥面是一条直线与轴线相交于一点并始终保持一定夹角旋转而成的,如图 2.12b 所示。

2. 曲线曲面

由曲线运动而形成的曲面称为曲线曲面。如球面是由一个圆或圆弧线以直径为转轴旋转而成的,如图 2.12c 所示。

(二) 素线与轮廓线

母线在曲面上的任意位置称为素线。如圆柱体的素线都是互相平行的直线;圆锥体的素线都是汇集于锥顶 S 点的倾斜线;球体的素线是通过球体上下顶点的半圆弧线。

确定曲面范围的外形线称为轮廓线,轮廓线也是可见与不可见的分界线。

(三) 纬圆

母线上任一点的旋转轨迹为一个圆,且圆垂直于轴线,此圆即为纬圆,如图 2.12c 所示。

2.2.1 圆柱的投影

1. 投影分析

如图 2.13a 所示，圆柱轴线垂直于 H 面。

(1) 在 H 面投影：反映上顶面和下底面的实形，是一个圆。圆柱侧面投影在 H 面上积聚成圆周线。

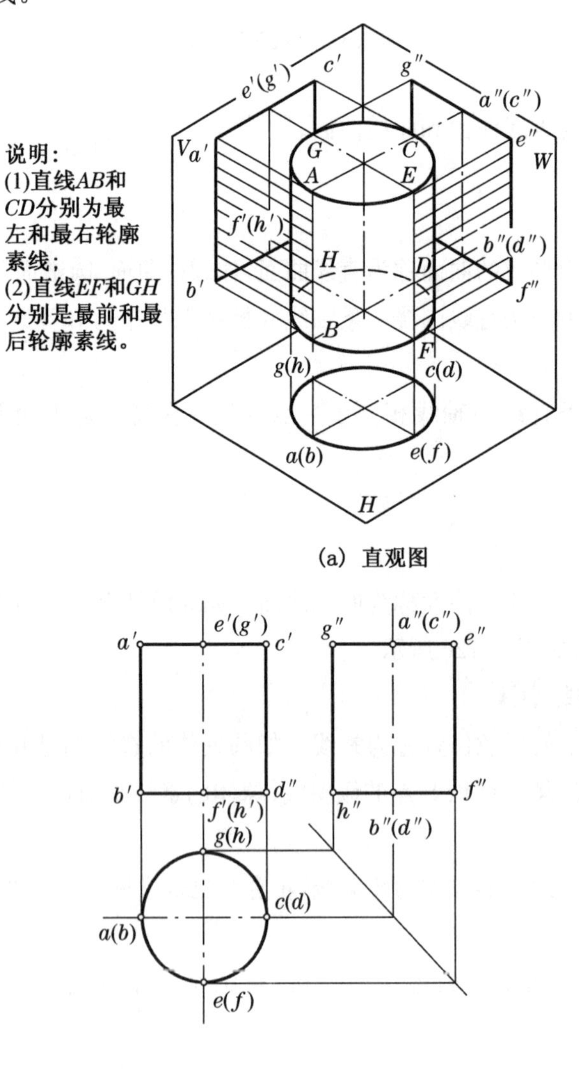

(a) 直观图

(b) 投影图

图 2.13 圆柱的投影

可见性判断：顶面在 H 面投影可见，底面在 H 面投影均不可见。

(2) 在 V 面投影：正面投影为一个矩形。上下两条水平线为上顶面和下底面的投影积聚线，左右两条竖直线为圆柱最左（$a'b'$）和最右（$c'd'$）两条轮廓素线，也是圆柱前半部分和后半部分的分界线。

可见性判断：圆柱前半部分在 V 面投影均可见，圆柱后半部分在 V 面投影均不可见。

(3) 在 W 面投影：侧面投影为一个矩形。上下两条水平线为上顶面和下底面的投影积聚线，前后两条竖直线为圆柱最前（$e''f''$）和最后（$g''f''$）两条轮廓素线，也是圆柱左半部分和右半部分的分界线。

可见性判断：圆柱左半部分在 W 面投影均可见，圆柱右半部分在 W 面投影均不可见。

总结：圆柱的三面投影为“一圆两矩形”。

2. 作图步骤

如图 2.13b 所示：

(1) 用单点长画线作圆柱三面投影图的轴线和中心线；

(2) 按照圆柱体的半径在 H 面画出水平投影（圆）；

(3) 根据“长对正”和圆柱高度作圆柱 V 面投影（矩形）；

(4) 根据“高平齐”“宽相等”作圆柱 W 面投影（矩形）。

请注意 A、B、C、D、E、F、G、H 等八个点的三面投影标注，并注意其重影点标注。

3. 圆柱表面上点的投影

与在平面立体上点投影原理一样，可利用圆柱各个表面在投影上的积聚性和投影“三等关系”原则，对圆柱表面上点的投影作图。

例题 2-6　如图 2.14a 所示，已知圆柱面上四个点 M、N、A、B 的 V 面投影 m'、

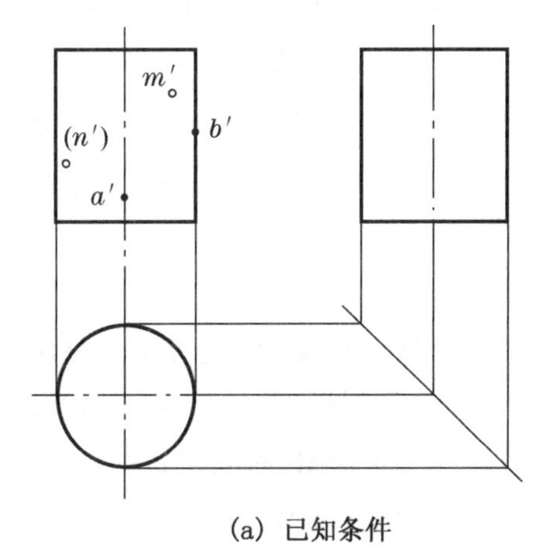

(a) 已知条件

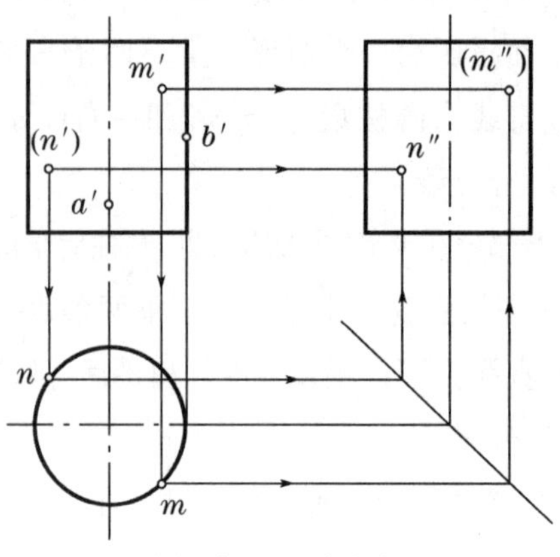

(b) 求M、N点的投影

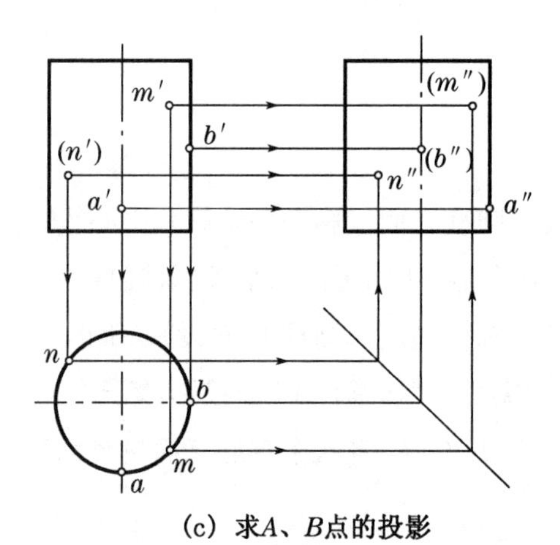

(c) 求A、B点的投影

图 2.14 圆柱表面上点的投影

(n')、a'和b'，求出它们的水平投影和侧面投影。

解：圆柱表面上四个点，其中 A、B 两点位置特殊，分别位于最前轮廓素线和最右轮廓素线上，也在圆柱的前半部分和右半部分；

N 点在 V 面不可见，说明 N 点在圆柱的后半部分，M 点在 V 面可见，说明 M 点在圆柱的前半部分；同时，N 点也在圆柱的左半部分，M 点也在圆柱的右半部分。

作图过程详见图 2.14b、c。

1. 求 M、N 点的投影

(1) M、N 两点都在圆柱的侧面上，在 H 面投影积聚成圆圈。根据"长对正"与圆圈相交的交点，即 n 点（在圆柱后半部分）和 m 点（在圆柱前半部分）。

(2) 根据"宽相等""高平齐"，求出 W 面的 n''点和(m'')点。因为 N 点在圆柱左半部分，M 点在圆柱的右半部分，因此在 W 面，N 点可见，M 点不可见。

2. 求 A、B 点的投影

(1) 根据“长对正”，求出 a 点(在最前轮廓素线上)和 b 点(在最右轮廓素线上)；

(2) 根据“高平齐”，求出 a''点和(b'')点。因 B 点在圆柱的右半部分，其在 W 面投影不可见。

2.2.2　圆锥的投影

1. 投影分析

如图 2.15a 所示，圆锥轴线垂直于 H 面。

(1) 在 H 面投影：圆锥表面在 H 面投影与圆锥底面的投影重合，是一个圆。

可见性判断：圆锥表面在 H 面投影均可见，圆锥底面在 H 面投影均不可见。

(2) 在 V 面投影：正面投影为一个等腰三角形。圆锥底面在 V 面投影积聚成一条直线，圆锥表面在 V 面投影为等腰三角形。左右两条过锥顶的斜线为圆锥最左和最右两条轮廓素线，也是圆锥前半部分和后半部分的分界线。

可见性判断：圆锥前半部分在 V 面投影均可见，圆锥后半部分在 V 面投影均不可见。

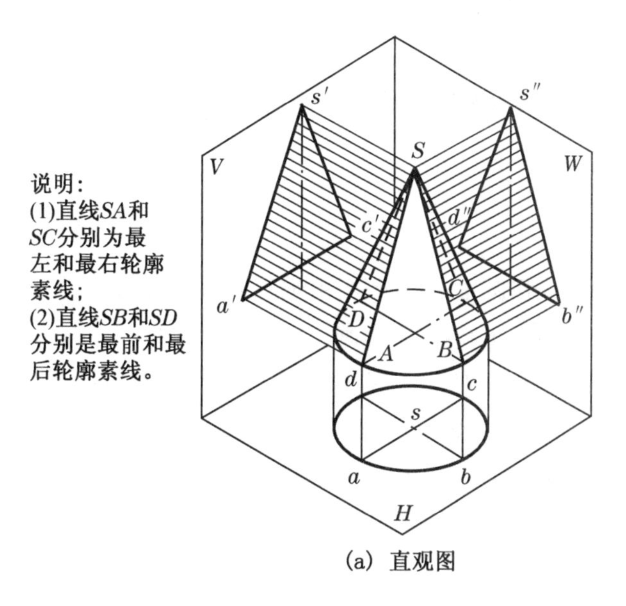

(a) 直观图

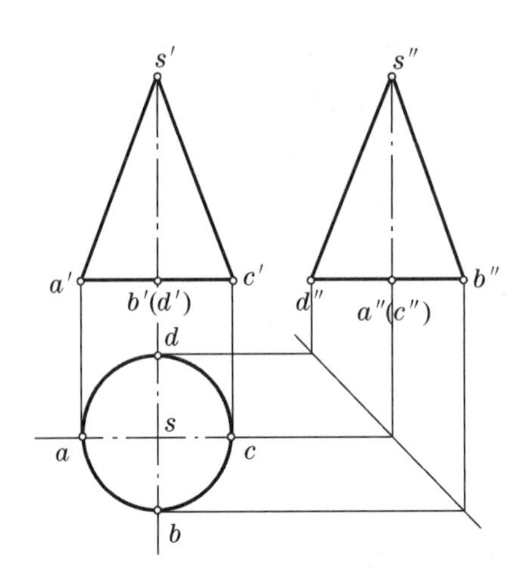

(b) 投影图

图 2.15 圆锥的投影

(3) 在 W 面投影:侧面投影为一个等腰三角形。圆锥底面在 W 面投影积聚成一条直线,圆锥表面在 W 面投影为等腰三角形。前后两条过锥顶的斜线为圆锥最前和最后两条轮廓素线,也是圆锥左半部分和右半部分的分界线。

可见性判断:圆锥左半部分在 W 面投影均可见,圆锥右半部分在 W 面投影均不可见。

总结:圆柱的三面投影为“一圆两三角形”。

2. 作图步骤

如图 2.15b 所示:

(1) 用单点长画线作圆锥三面投影图的轴线和中心线;

(2) 按照圆锥底面的半径在 H 面画出水平投影(圆);

(3) 根据“长对正”和圆锥高度作圆锥 V 面投影(等腰三角形);

(4) 根据“高平齐”“宽相等”作圆锥 W 面投影(等腰三角形)。

请注意:A、B、C、D 等四个点的三面投影标注,并注意其重影点标注。

3. 圆锥表面上点的投影

要求出圆锥表面上的点的投影,可采用“素线法”或“纬圆法”。

例题 2-7 如图 2.16a 所示,已知圆锥表面点 M 的正面投影 m',求 m 和 m''。

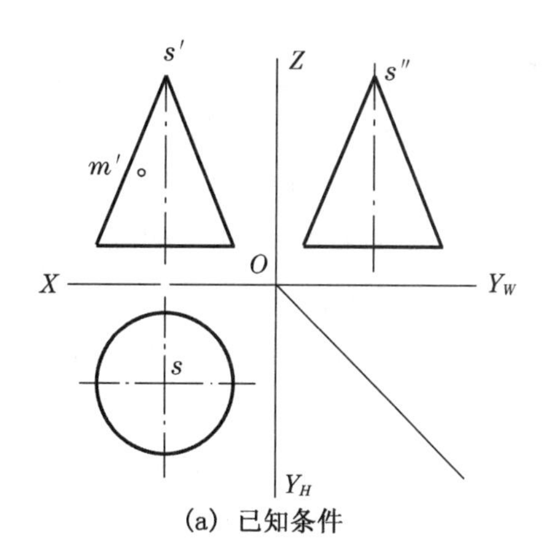

(a) 已知条件

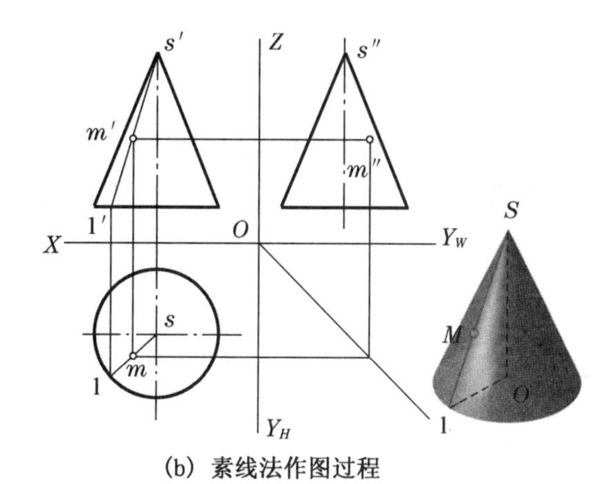

(b) 素线法作图过程

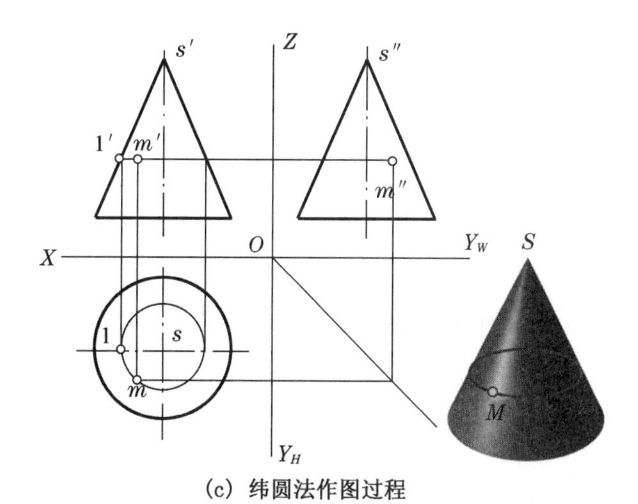

(c) 纬圆法作图过程

图 2.16　圆锥面上点的投影

解法(一)：

素线法：圆锥面上任一素线都是通过圆锥顶点的直线，已知圆锥面上一点时，可过该点作素线，先作出该素线的投影，再利用素线上点的投影求得，如图 2.16b 所示。

(1) 在 V 面：过 m' 点作素线 $s'1'$，根据“长对正”求出 H 面的 1 点。

(2) 在 H 面：连线 $s1$，过 m' 点根据“长对正”求出 m 点。

(3) 在 W 面：根据“宽相等”“高平齐”求出 m'' 点。

可见性判断：因 M 点在圆锥体的左半部，因此在 N 面投影为可见。

解法(二)：

纬圆法：已知圆锥体上一点时，可过该点作与轴线垂直的纬圆，先作出该纬圆的投影，再利用纬圆上点的投影求得，如图 2.16c 所示。

(1) 在 V 面：过 m' 点作纬圆的 V 面投影，即为一条水平线 $m'1'$。

(2) 在 H 面：根据“长对正”，过 $1'$ 点求出 1 点。过 s 点以 $s1$ 为半径画圆，即为纬圆在 H 面的投影。

根据“长对正”，过 m' 点求出 m 点。M 点在圆锥的前半部分，在 H 面投影可见。

(3) 在 W 面：根据“宽相等”“高平齐”求出 m'' 点。M 点在圆锥的左半部分，在 W 面投影可见。

2.2.3 球体的投影

1. 投影分析

如图 2.17a 所示。

(1) 在 H 面投影：球体在 H 面投影是一个圆。圆 A 是球体上半部分和下半部分的分界线。

可见性判断：球体上半部分在 H 面投影均可见，球体下半部分在 H 面投影均不可见。

(2) 在 V 面投影：球体在 V 面投影是一个圆。圆 B 是球体前半部分和后半部分的分界线。

可见性判断：球体前半部分在 V 面投影均可见，球体后半部分在 H 面投影均不可见。

(3) 在 W 面投影：球体在 W 面投影是一个圆。圆 C 是球体左半部分和右半部分的分界线。

可见性判断：球体左半部分在 W 面投影均可见，球体右半部分在 W 面投影均不

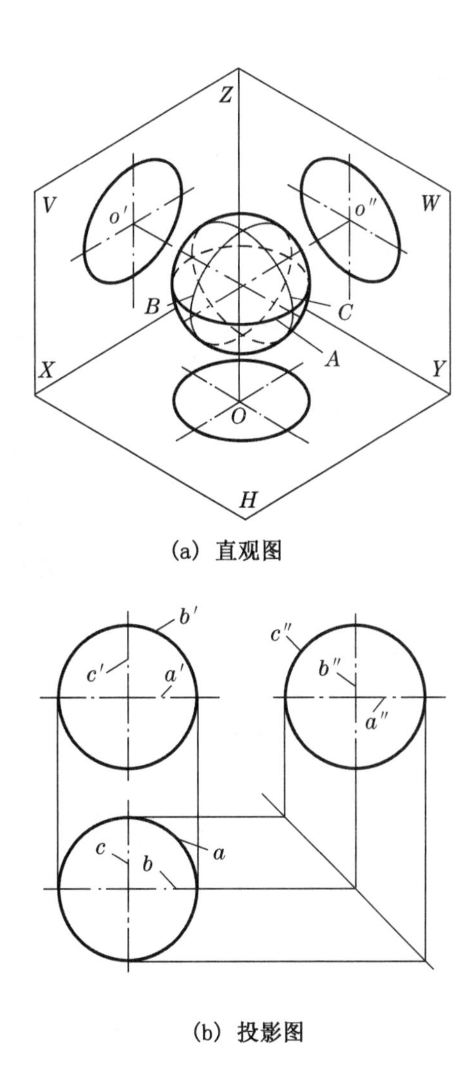

(a) 直观图

(b) 投影图

图 2.17　球体的投影

可见。

总结：球体的三面投影为“三个圆”。

2. 作图步骤

如图 2.17b 所示：

(1) 用单点长画线作球体三面投影图的轴线和中心线；

(2) 按照球体的半径在 H、V、W 面画出水平投影(圆)、正面投影(圆)、侧面投影(圆)；

请注意：圆 A、圆 B、圆 C 都属于球体的分界线，注意其三面投影的位置。

3. 球体表面上点的投影

要求出球体表面上的点的投影，可采用“纬圆法”。

例题 2-8 如图 2.18a 所示，已知球体表面 M 点和 D 点的正立面投影 m'、d'，求 M 点和 D 点的其他两面投影。

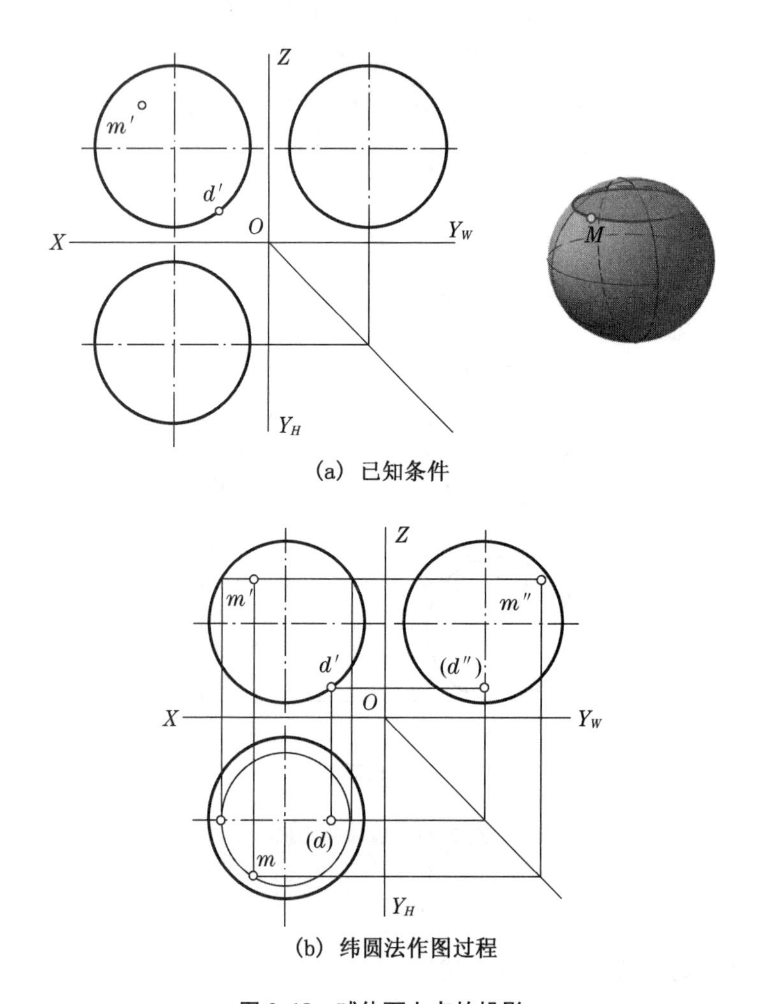

(a) 已知条件

(b) 纬圆法作图过程

图 2.18 球体面上点的投影

解:采用纬圆法。过点 M 在球面上作一平行于水平投影面的辅助圆。M 点的投影必在该辅助圆的同面投影上。

1. 求 M 点的投影

(1) 在 V 面:过点 M 在球面上作一平行于水平投影面的辅助圆。此圆在 V 面积聚成一条直线，量取该纬圆的半径。

(2) 在 H 面:在 V 面上量取纬圆半径，在 H 面做同心圆，根据“长对正”过 m' 点求出m点。

(3) 在W面:根据“宽相等”“高平齐”求出m''点。

可见性判断:因为M点在球体的前半部分、上半部分和左半部分,因此M点的三面投影均可见。

2. 求D点的投影

因为D点位置特殊,是在球体前半部分和后半部分的分界线上,因此,其两面投影作图过程简单。

(1) 在H面:根据“长对正”过d'点求出(d)点。

(2) 在W面:根据“高平齐”过d'点求出(d'')点。

可见性判断:因为D点在球体的下半部分和右半部分,因此M点在H面和W面投影均不可见。

2.2.4 曲面立体的切口投影

曲面立体的切口投影,实际上就是曲面立体被平面切割后的投影。换言之,求出曲面立体与切割平面的截交线,此截交线的投影即为曲面立体的切口投影。

作图思路:求出曲面立体表面上若干个与截平面相交的交点,然后用光滑的曲线(或直线)连接。截交线上的一些能够确定其形状和范围的点,如最前点、最后点、最左点、最右点、最高点、最低点,以及可见与不可见的分界点等,均为特殊点。作图时,通常先作出截交线上的特殊点,再按照需要作出一些中间点,最后依次连接各点,并注意其可见性。

求曲面立体截交线的问题,实质上是在曲面上定点的问题,基本方法有素线法、纬圆法、辅助平面法。当截平面为投影面的垂直面时,可以利用其投影的积聚性来求点;当截平面为一般位置平面时,需要选择过素线或过纬圆作辅助平面来求点。

1. 圆柱的切口投影

平面与圆柱相交,根据截平面与圆柱轴线相对位置的不同,所得的截交线有三种情况,如表2-1所示。

表 2-1　圆柱的截交线

截平面 P 的位置	截平面垂直于圆柱轴线	截平面倾斜于圆柱轴线	截平面平行于圆柱轴线
	圆	椭圆	矩形
截交线空间形状	P	P	P
投影图	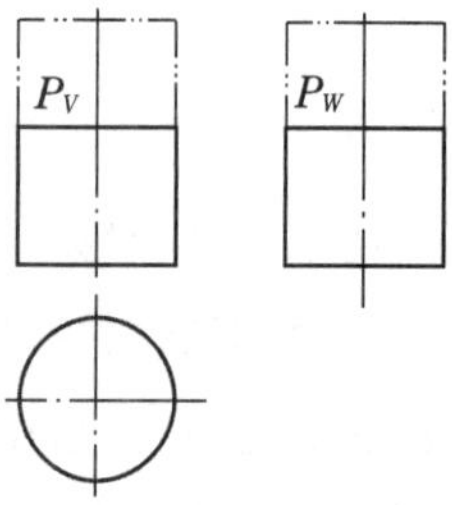 P_V　P_W	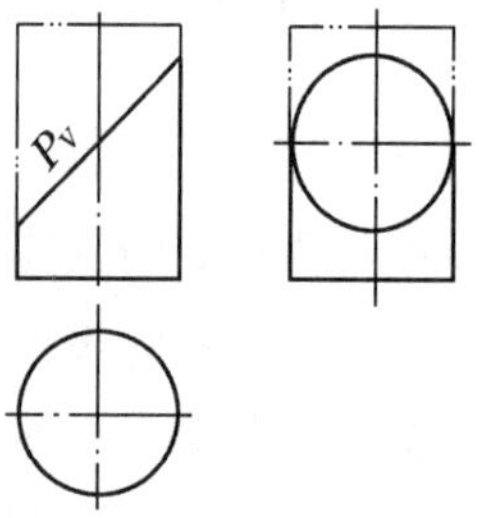 P_V	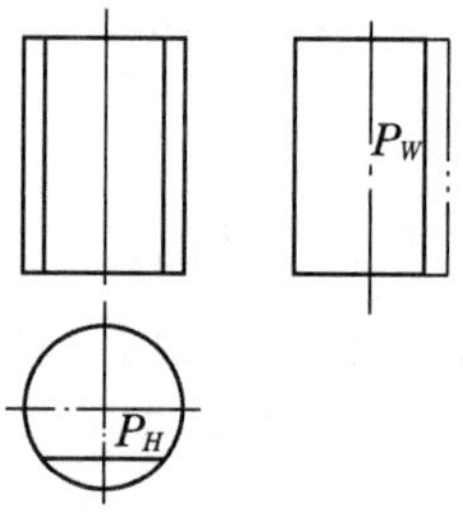 P_W　P_H

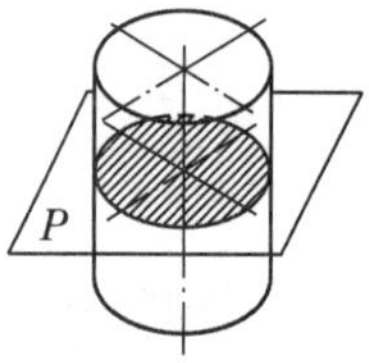

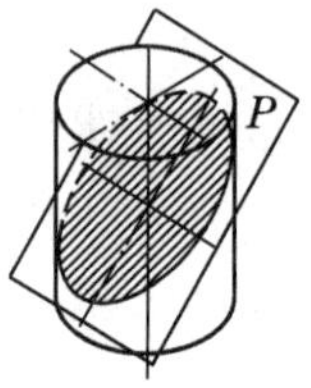

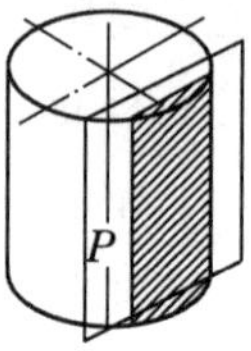

从表 2-1 可知：

(1) 当截平面垂直于圆柱的轴线时，截交线为一个圆；

(2) 当截平面倾斜于圆柱的轴线时，截交线为一个椭圆；

(3) 当截平面平行于圆柱的轴线时，截交线为一个矩形。

例题 2-9　如图 2.19a 所示，已知圆柱被正垂面所切割，求作圆柱及其截交线的 W 面投影。

解：由于截平面是正垂面，且倾斜于圆柱轴线。因此，截交线在 W 面上的投影是椭圆，在 H 面投影是圆，在 V 面上投影是积聚成一条直线。

(1) 在 V 面上标注出八个点投影，其中 $2'$、$3'$ 点和 $6'$、$7'$ 点是前后对称点，$2'$、$6'$ 点和 $3'$、$7'$ 点是左右对称点，$4'$ 点和 $5'$ 点是前后对称点，$1'$ 点和 $8'$ 点是左右对称点。

(2) 过 V 面上的八个投影点，根据“长对正”在 H 面求出 1、2、3、4、5、6、7、8 点。

(3) 根据“宽相等”“高平齐”求出 W 面的八个点的投影，然后用光滑的曲线连接成椭圆。

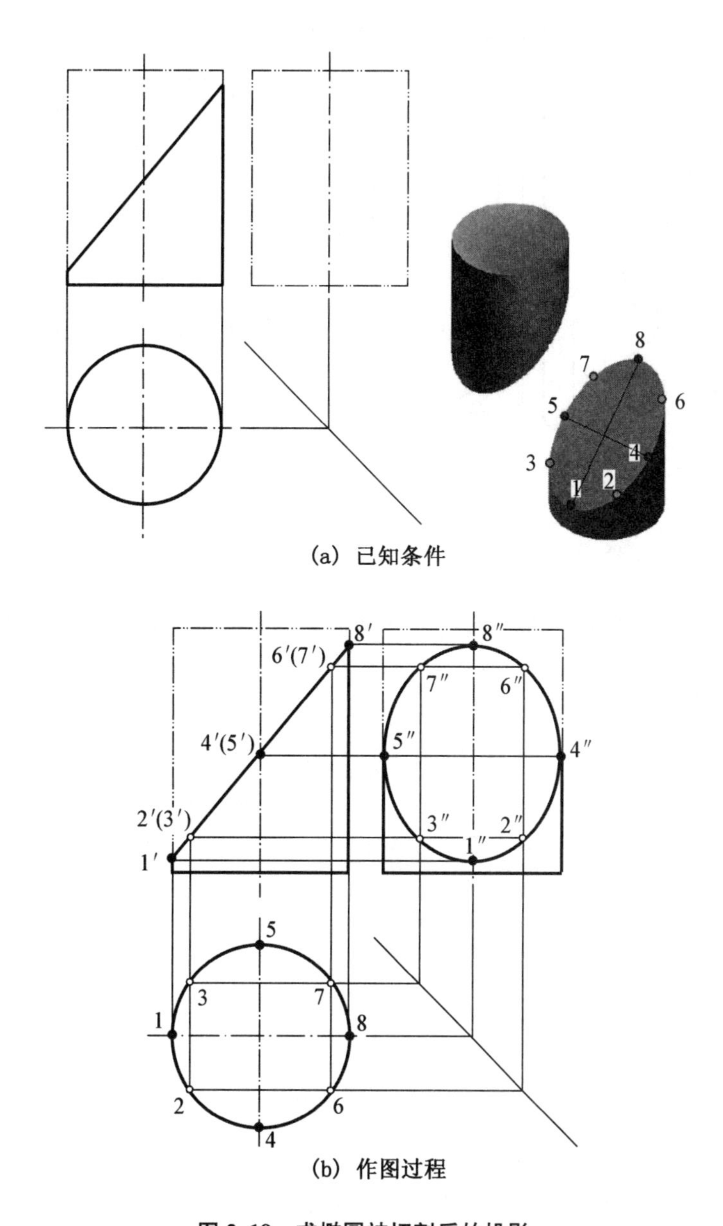

(a) 已知条件

(b) 作图过程

图 2.19　求椭圆被切割后的投影

(4) 补上圆柱下半部分的投影轮廓线，用粗实线表示。

说明：为了方便准确地画出椭圆，在正锤面的截交线上增加 2、3、6、7 四个加密点，此四点互为对称点。

作图过程如图 2.19b 所示。

对于复杂的圆柱切口投影，要充分利用圆柱在投影中的特殊性(如与投影面平行、垂直)，以及截平面的特殊位置，求出截平面与圆柱的截交点，按照顺序连接各个截交点，并做好连线的可见性判断。如表 2-2 所示为常见圆柱切割体的切口投影。

表 2-2　常见圆柱切割体的切口投影

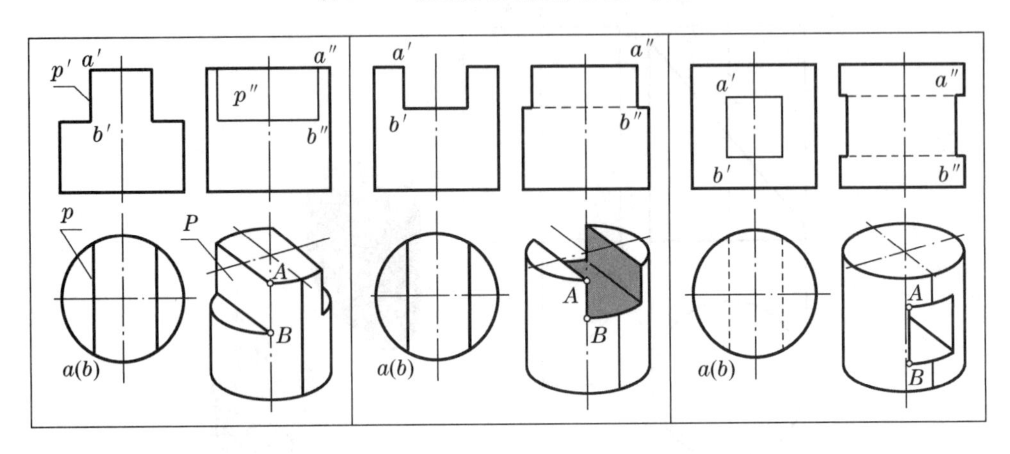

2. 圆锥的切口投影

当截平面切割圆锥时，截交线的形状随截平面与圆锥的相对位置不同而异，如表 2-3 所示。

表 2-3　圆锥的截交线

截平面 P 的位置	截平面垂直于圆锥轴线	截平面与锥面上所有素线相交	截平面平行于圆锥面上一条素线	截平面平行于圆锥轴线	截平面通过锥顶
截交线形状	圆	椭圆	抛物线	双曲线	两条素线
轴测图					
投影图					

从表 2 - 3 可知，圆锥被不同位置的截平面切割后，其三面投影情况如下：

(1) 截交线为圆：在 H 面投影为圆，在 V 面和 W 面投影积聚一条平行于相应轴线的直线（即一圆两直线）；

(2) 截交线为椭圆：在 V 面投影积聚成一条直线，在 H 面和 W 面投影均为椭圆（即一直线两椭圆）；

(3) 截交线为抛物线：在 V 面投影积聚成一条平行于素线的直线，在 H 面和 W 面投影均为抛物线（即一直线两抛物线）；

(4) 截交线为双曲线：在 V 面投影为一条双曲线，在 H 面和 W 面投影积聚成垂直于相应轴线的直线（即一双曲线两直线）；

(5) 截交线为两条素线：在 V 面投影为一条过锥顶的直线，在 H 面和 W 面投影均为三角形（即一直线两三角形）。

例题 2 - 10　如图 2.20a 所示，圆锥被平行于素线的正垂面切割，求出圆锥以及截交线的另外两个投影。

解：由于截平面是平行素线的正垂面。因此，截交线在 H 面上的投影是一条直线和一条抛物线，在 W 面投影也是一条直线和一条抛物线。

(1) 在 V 面上，标注出七个点投影，其中 $1'$、$2'$ 点，$3'$、$4'$ 点和 $5'$、$6'$ 点都是前后对称点。其中 $1'$、$2'$、$5'$、$6'$、$7'$ 点是特殊位置点，$3'$、$4'$ 点是加密点。

(2) 过 V 面上的三个投影点，根据“长对正”在 H 面求出 1、2、7 点。在 H 面上用纬圆法求出 3、4 点。

(3) 过 V 面上的三个投影点，根据“高平齐”求出 W 面的 $5''$、$6''$、$7''$ 点的投影；过 W 面上两点，根据“宽相等”求出 H 面的 5、6 点。

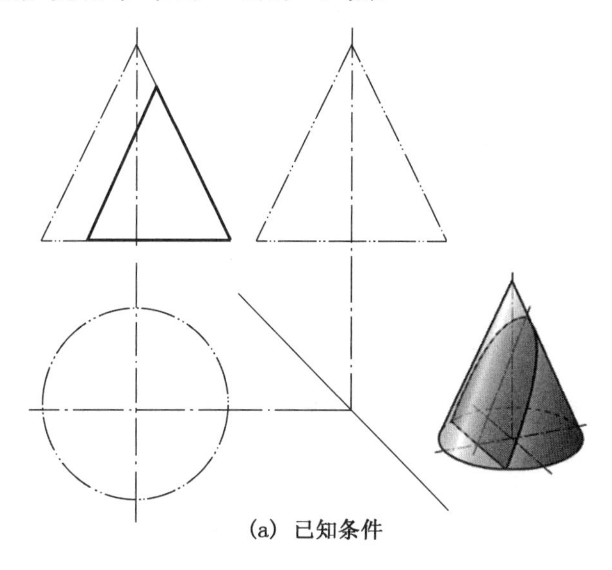

(a) 已知条件

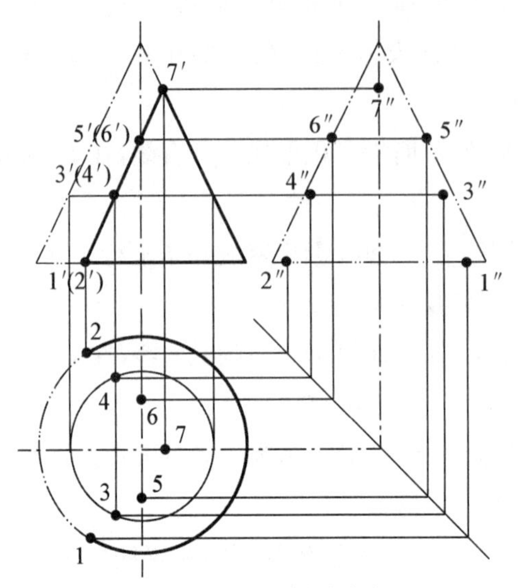

(b) 求各个截交点的投影

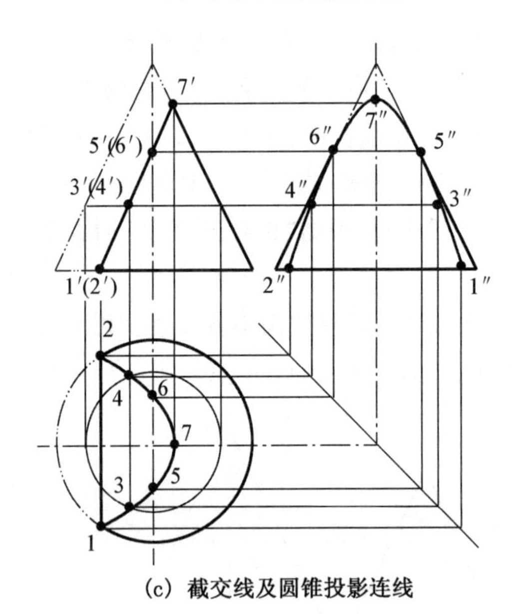

(c) 截交线及圆锥投影连线

图 2.20　求圆锥被切割后的投影

(4) 过 H 面和 V 面,根据“宽相等”“高平齐”求出 W 面的 1″、2″、3″、4″点。

(5) 按照抛物线的轮廓用光滑的曲线把截交点连起来。补上圆锥下半部分的投影轮廓线,用粗实线表示。

作图过程见图 2.20b 和 2.20c。

2.3　两立体相贯的投影

两立体相贯又称为两立体相交，相交的两立体成为一个整体称为相贯体。它们表面的交线称为相贯线，相贯线是两立体表面的共有线。相贯线上的点称为相贯点，它们都是两立体表面的共有点，如图 2.21 所示。

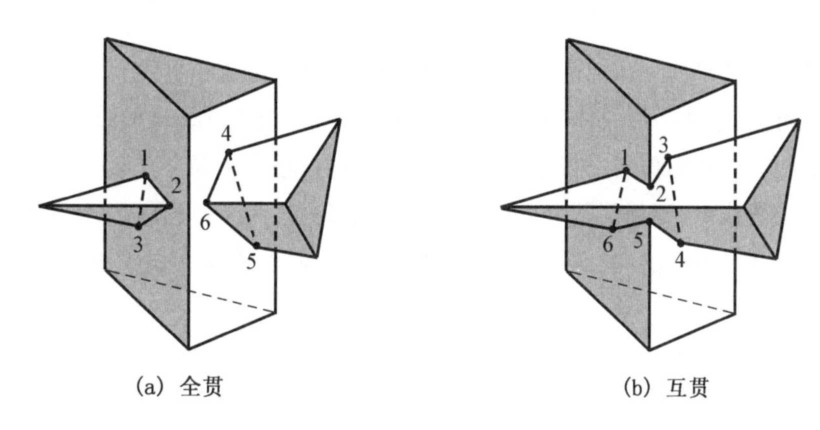

图 2.21　相贯线类型

相贯线的形状随立体形状和位置不同而不同，一般分为两种类型：全贯和互贯。当一个立体全部贯穿过另一个立体时，产生两组相贯线，称为全贯，如图 2.21a 所示。当两个立体互相贯穿时，产生一组相贯线，称为互贯，如图 2.21b 所示。

两立体相贯分为三种类型：两平面立体相贯、平面立体与曲面立体相贯、两曲面立体相贯，如图 2.22a、b、c 所示。

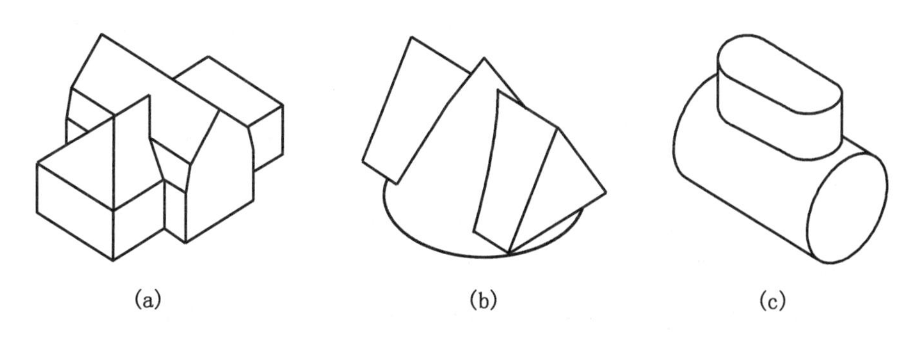

图 2.22　两立体相贯

2.3.1 两平面立体相贯

两平面立体相交的相贯线，一般情况下是封闭的空间折线，每段折线都是两平面立体上有关表面的交线，相贯点（即贯穿点）是一个立体上的轮廓线与另一个立体的交点。这些折线和相贯点控制了相贯线的形状、范围和空间位置。

求两个平面立体相贯线，有以下两种方法：

(1) 交点法

先求出全部相贯点（即贯穿点）的投影，再将所有交点顺次连成折线，即组成相贯线。连点的规则是：只有同一个棱面上的两点才能相连，否则不能相连。

(2) 交线法

直接作出两平面立体上两个相应棱面的交线，然后组成相贯线。

由此可见：求两平面立体的相贯线，实质上可归结为求直线与平面的交点和求两平面的交线。在实际作图过程中，以上两种方法可以独立或混合灵活应用。

求出相贯线后，要判别其可见性。相贯线的可见性判断：只有两立体都可见的棱面上的交线才是可见的，画实线。当一个棱面不可见时，其面上的交线就不可见，应画成虚线。

例题 2-11 已知条件如图 2.23(a)所示，求三棱锥与三棱柱的相贯线投影。

解：(一) 投影分析

1. 根据相贯体的正面投影可知，三棱柱整个贯入三棱锥，是全贯，应有两组封闭相贯线。

2. 因为三棱柱的正面投影有积聚性，所以相贯线的正面投影是已知的，积聚在三棱柱正面投影的轮廓线上。然后根据相贯线的正面投影补画出相贯线的水平投影和侧面投影。

(二) 投影作图

1. 确定贯穿点

在 V 面上，标注出 7 个贯穿点的投影，如图 2.23*b* 所示。形成前后两组相贯线：1—3—5—7—1 和 2—4—6—2。其中 $1'$ 与 $2'$、$3'$ 与 $4'$、$5'$ 与 $6'$ 点在 V 面上的投影是重影点。其中 $3'$、$7'$ 点是在三棱锥最前棱线上，$2'$、$4'$、$6'$ 点是在最后的同一个棱面上。

2. 求贯穿点的投影

(1) 过 V 面作水平辅助面 P 与三棱锥相交，其截交线的水平投影为三角形（图 2.23*b*），根据“长对正”，可求出 H 面的 1、2、5、6、7 点。

(2) 因为三棱锥在侧面投影有集聚性的特性，$3''$ 和 $7''$ 点在三棱锥最前棱线上，根据“高平齐”，在 W 面上可求出、$3''$、$4''$、$2''$、$6''$、$7''$，其中 $2''$、$6''$在 W 面投影为重影点。

(3) 过 W 面和 V 面，根据“宽相等，长对正”，求出 H 面的 3、4 点。过 V 面和 H 面，根据“宽相等，高平齐”，求出 W 面的 $1''$、$5''$点，且为重影点。

作图过程如图 2.23b 所示。

3. 连相贯线

根据同一棱面上的两点才可连线的原则，两组封闭相贯线连线顺序为：1—3—5—7—1 和 2—4—6—2。

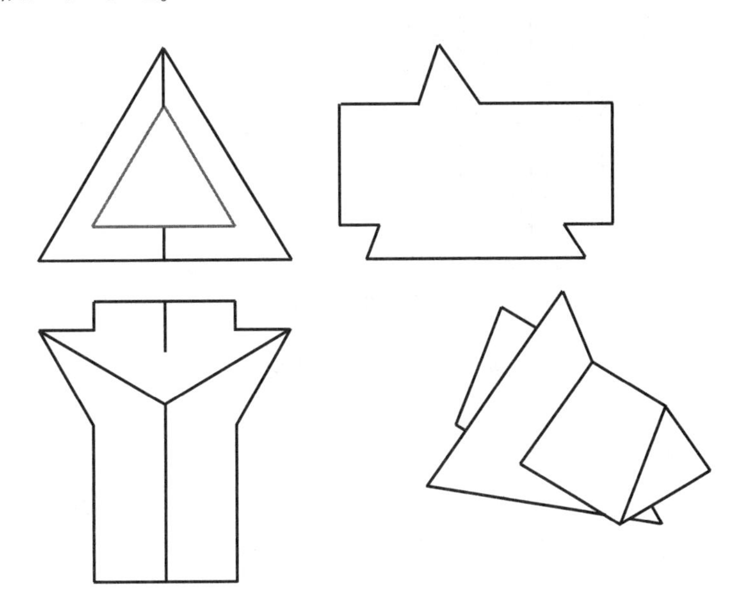

(a) 已知条件

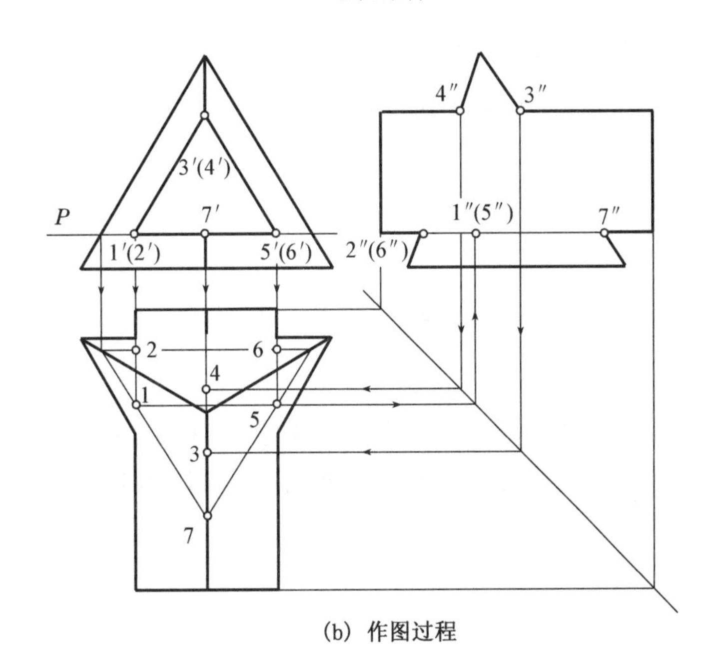

(b) 作图过程

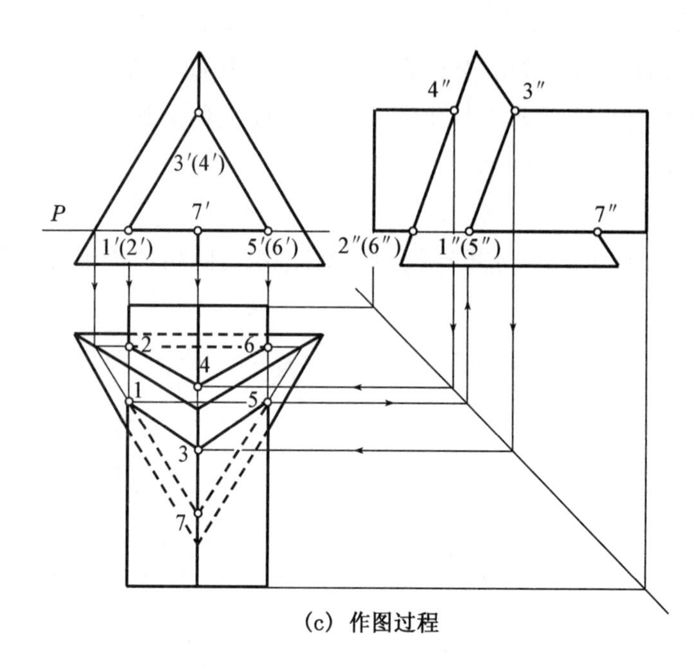

(c) 作图过程

图 2.23　两平面立体相贯

4. 可见性判断

根据相贯线可见性判断原则，*H* 面投影中，1—7、5—7、2—6 连线均为不可见，用虚线表示，其余相贯线均为可见，画实线。在 *W* 面投影中，两组相贯线均为可见，画实线。

5. 补全棱线

把三棱柱和三棱锥的棱线与对应的贯穿点相连。在 *H* 面，三棱锥底平面的三条棱线部分被三棱柱遮挡，用虚线表示；三棱柱棱线与贯穿点连线均为可见。在 *W* 面，补棱线部分均为可见。

最后作图结果如图 2.23c 所示。

2.3.2　平面立体与曲面立体相贯

平面立体与曲面立体相贯(也称为相交)，相贯线是平面立体上参与相交的棱面与曲面立体表面相交所得截交线的总和。一般情况下，相贯线是空间闭合曲线，如图 2.24 所示。

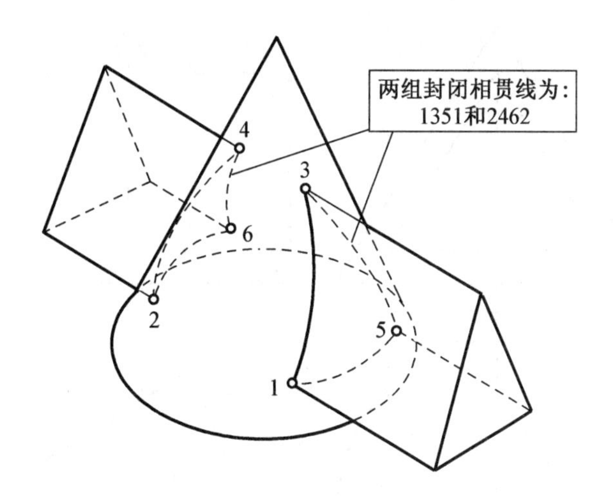

图 2.24　两组封闭相贯线

由于相贯线上的相贯点(即贯穿点)是平面立体上参与相交的棱线与曲面立体表面的交点,构成相贯线的各条线段是平面立体的棱面与曲面立体表面的截交线。因此,求平面立体与曲面立体相交所产生的相贯线的作图问题,可以归纳为:

(1) 求平面立体参与相贯的棱线与曲面立体产生的交点(即贯穿点),再由贯穿点顺次连成相贯线。

(2) 求平面立体参与相贯的棱面与曲面立体产生的截交线,这些截交线的组合即为相贯线。

例题 2 - 12　已知条件如图 2.25a 所示,求三棱柱与圆锥的相贯线投影。

解:(一) 投影分析

1. 根据相贯体的正面投影可知,三棱柱整个贯入圆锥体中,是全贯,应有两组封闭相贯线,即圆锥的前半部分和后半部分各有一组封闭的相贯线。

2. 因为三棱柱的正面投影有积聚性,所以相贯线的正面投影是已知的,积聚在三棱柱正面投影的轮廓线上。然后根据相贯线的正面投影补画出相贯线的水平投影和侧面投影。

(二) 投影作图

1. 确定贯穿点

在 V 面上,标注出 8 个贯穿点的投影,如图 2.25b 所示。形成前后两组相贯线:1—3—5—7—1 和 2—4—6—8—2。其中 $1'$与 $2'$、$3'$与 $4'$、$5'$与 $6'$、$7'$与 $8'$点在 V 面上的投影是重影点。其中 $3'$与 $7'$、$4'$与 $8'$点分别在圆锥的最前和最后轮廓线上。

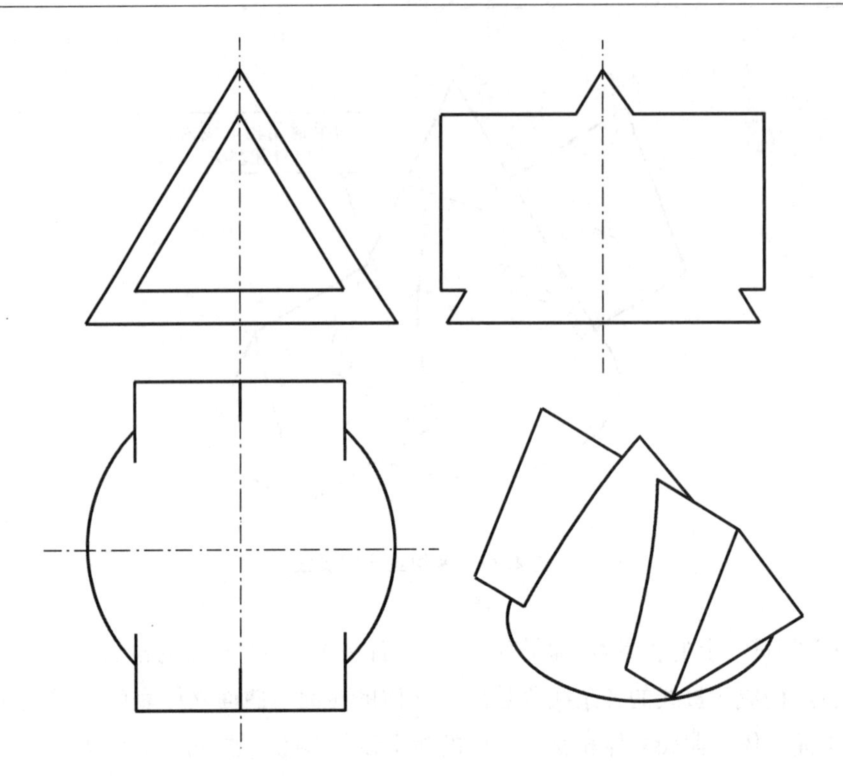

(a) 已知条件

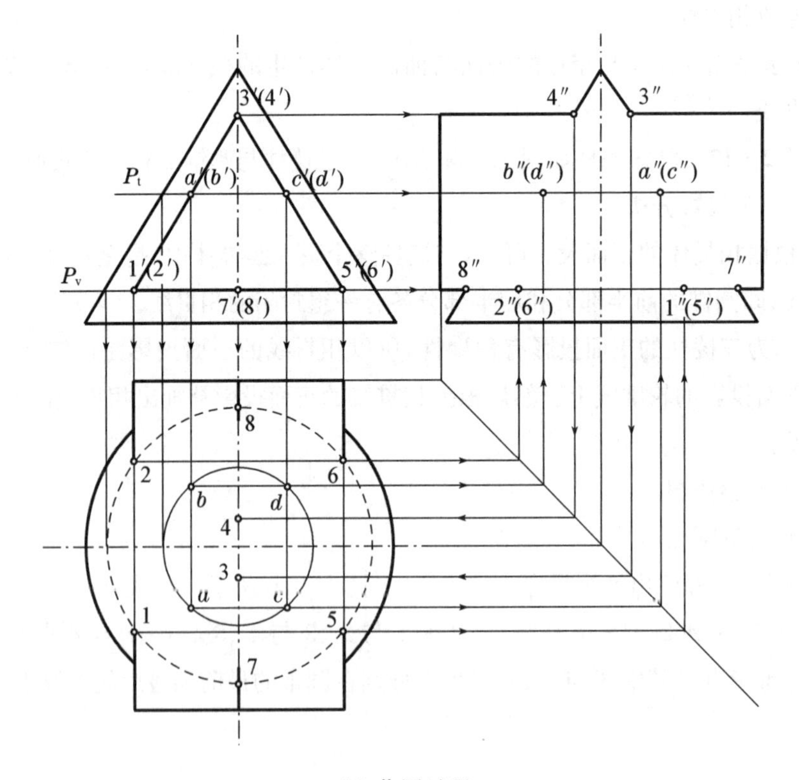

(b) 作图过程

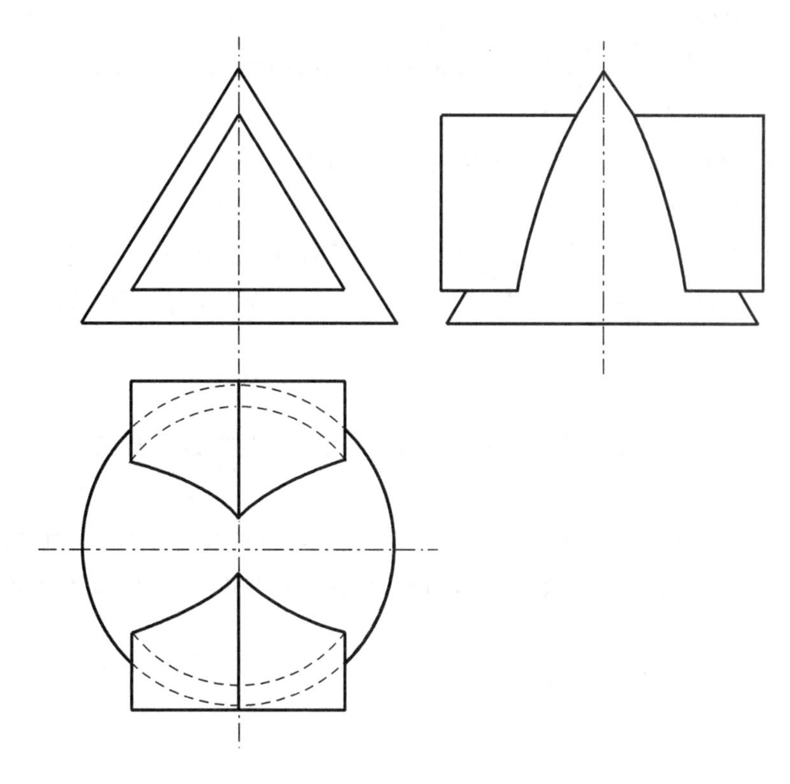

(c) 作图结果

图 2.25　平面立体与曲面立体相贯

2. 求贯穿点的投影

(1) 过 V 面作水平辅助面 P_v 与圆锥相交，其截交线的水平投影为同心圆(图 2.25b)，根据“长对正”，可求出 H 面的 1、2、5、6、7、8 点。

因为 3、7 点和 4、8 点分别在圆锥的最前和最后轮廓素线上，通过 V 面，可以直接在 W 面上求出 3″、4″。根据“宽相等，长对正”可在 H 面求出 3、4 点的投影。同理，在 W 面可以求出 7″、8″点的投影。

根据“宽相等，高平齐”，过 H 面和 V 面，在 W 面上求出 1″、5″、2″、6″点的投影，且 1″与 5″、2″与 6″在 W 面为重影点。

(2) 因为 1—3、3—5、2—4、4—6 的连线为曲线，为了提高画图精度，在 V 面选取加密点 $a'(b')$、$c'(d')$，过这些加密点做一个水平辅助平面 Pt 与圆锥相交，其截交线的水平投影为同心圆，同理，可以在 H 求出 a、b、c、d；在 W 面求出 a''、b''、c''、d''，其中 a''与 c''、b''与 d''在 W 面上是重影点。

作图过程如图 2.25b 所示。

3. 连相贯线

根据同一棱面上的两点才可连线的原则，两组封闭相贯线连线顺序为：1—a—3—c—5—7—1 和 2—b—4—d—6—8—2。其中 1—a—3 和 3—c—5、2—b—4 和 4—d—6 的连线在 *H* 面和 *W* 面的投影均为光滑的曲线。

4. 可见性判断

根据相贯线可见性判断原则，在 *W* 面投影中，两组相贯线均为可见。在 *H* 面投影中，1—7—5 和 2—8—6 的连线为同心圆的一部分，为不可见，用虚线表示，其余连线为可见，用实线表示。

5. 补棱线

(1) 补圆锥底面的圆周线：在 *H* 面上，圆锥底面圆周线部分被三棱柱遮挡，为不可见，用虚线表示。

(2) 补三棱柱的棱线：分别在 *H* 面和 *W* 面上补画棱线。*H* 面上的棱线补画到 1、3、5 和 2、4、6 各点，用实线表示。*W* 面上的棱线不用补画，因为与 *W* 面的相贯线重合。

最后作图结果如图 2.25c 所示。

2.3.3 两曲面立体相贯

两曲面立体相贯(即相交)，相贯线一般是光滑的、封闭的空间曲线，特殊情况下可能是直线或平面曲线。曲线上任意一点，是同时属于两曲面立体表面共有点，相贯线是同时属于两个曲面立体表面共有点的集合(即共有线)，如图 2.26 所示。

由于相贯线是两个立体表面一系列共有点的集合，所以求相贯线，只要求出一系列共有点的投影，然后顺次连接即可。

在一系列共有点当中，有些点是比较重要的点，如相贯线上的最高点、最低点、最左点、最右点、最前点、最后点、可见和不可见分界点等，这些点也称为特殊点，这些特殊点控制了相贯线的形状、走向和范围。在具体作图时，应首先求出这些特殊点，其次再求出一些必要的一般位置点(或者加密点)，最后按照顺次光滑地连接这些共有点，即为所求相贯线的投影。

例题 2-13 已知条件如图 2.26a 所示，求两曲面立体的相贯线投影。

解：(一) 投影分析

1. 根据相贯体的 *H* 面和 *W* 面投影可知，一个圆柱垂直贯入另一个圆柱中，但是没有贯穿，应只有一组封闭相贯线。

2. 这两个圆柱的轴线垂直相交，有共同的前后和左右对称面，因此相贯线和相贯体也都是前后、左右对称。

3. 因为小圆柱的轴线垂直于 H 面，小圆柱在 H 面上的投影有积聚性，所以相贯线的 H 面投影是已知的，且与小圆柱的积聚投影重合。

因为大圆柱的轴线与 W 面垂直，大圆柱在 W 面的投影有积聚性，故相贯线的投影在 W 面上与大圆柱的部分投影重合，也为已知。

因此，两正交圆柱相贯，只需求出相贯线的 V 面投影。

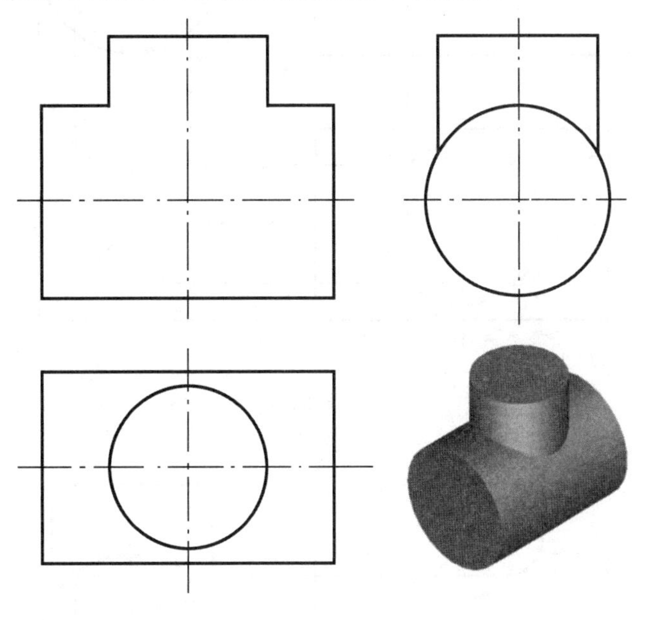

(a) 已知条件

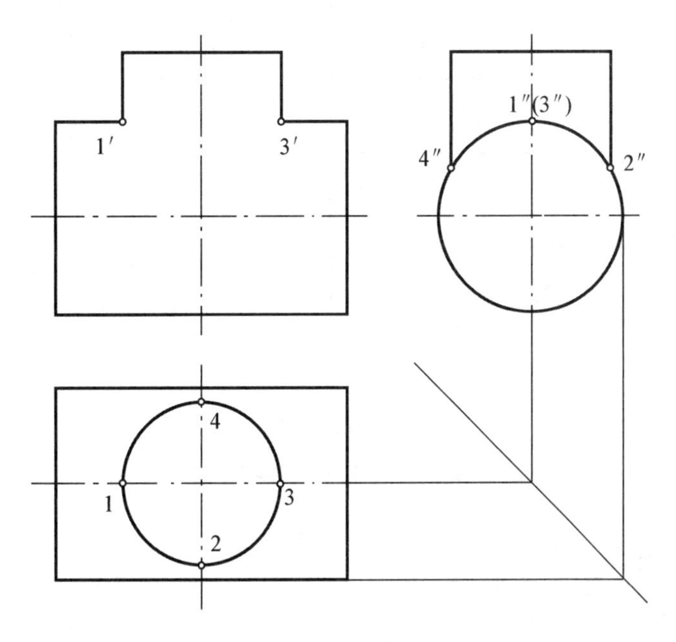

(b) 确定特殊点

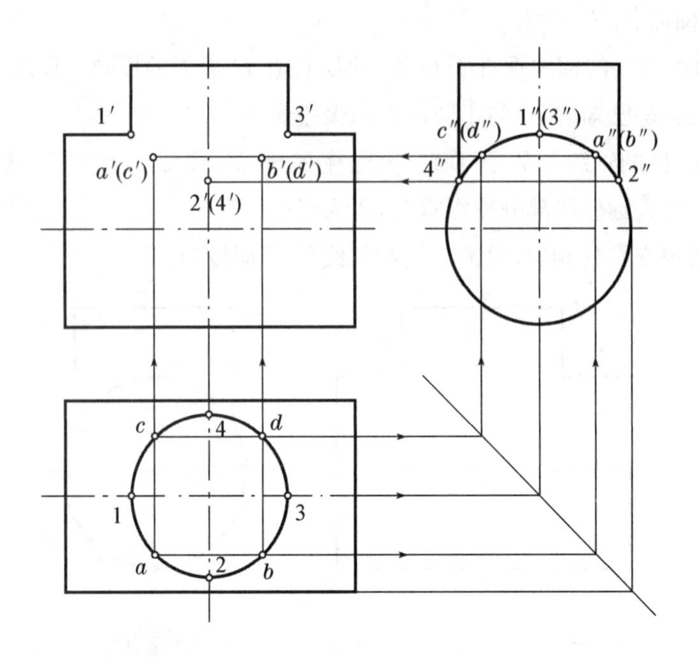

(c) 求点的投影

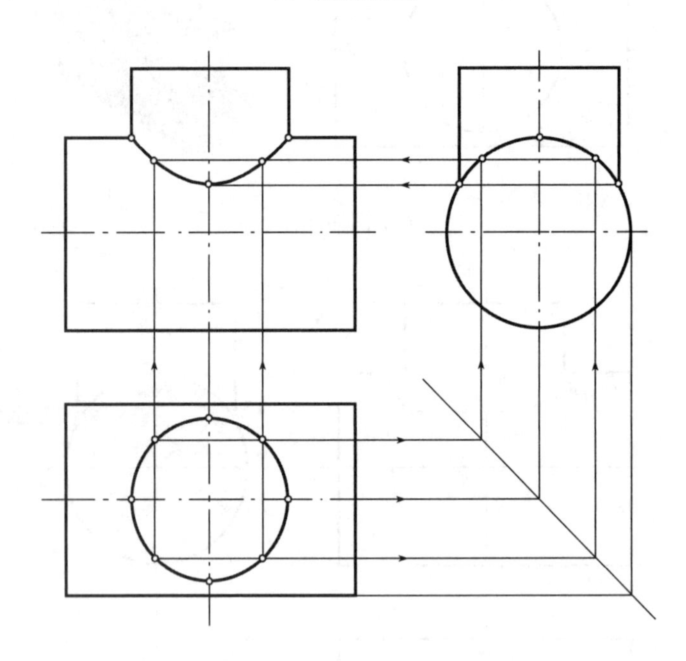

(d) 作图结果

图 2.26 两曲面立体相贯

（二）投影作图

1. 确定特殊点

根据已知条件可知:特殊点分别是最左 1 点、最右 3 点、最前 2 点、最后 4 点等,如图 2.26b 所示，即 H 面上的 1、2、3、4 点，W 面上的 $1''$、$2''$、$3''$、$4''$点，其中 $1''$与 $3''$是重影点，H 面上的 $1'$、$3'$点。

2. 求特殊点的投影

根据已知条件可知：1 和 3、2 和 4 都是对称点，也是特殊点，这些对称点在 V 面、H 面和 W 面投影如图 2.26b 所示。

现只要求出 V 面的 $2'$和 $4'$点投影，因为具有对称性，此两点在 V 面投影是重影点。通过 W 面，根据“高平齐”，可在 V 面上求出 $2'(4')$的投影，如图 2.26c 所示。

3. 求加密点的投影

由于该相贯线是曲线，为了能够比较准确地画出光滑的相贯线，需要增设加密点，如图 2.26c 所示，H 面上的 a、b、c、d 四点为加密点，同时也是对称点。通过 H 面，根据“宽相等”可求出 W 面的投影；通过 H 面和 W 面，根据“长对正，宽相等”可求出 V 面上的投影，如 a'、c'、b'、d'四点投影，其中 a'和 c'、b'和 d'在 V 面上为重影点。

4. 连接相贯线

在 V 面上按照顺次 1—a—2—b—3—d—4—c—1 连接成光滑的曲线，即为所求相贯线的 V 面投影。其中在 V 面上 1—a—2—b—3 和 3—d—4—c—1 是重合的。

5. 可见性判断

由于相贯线是对称的，其前后两部分的 V 面投影重合，所以用实线画出。

最后作图结果如图 2.26d 所示。

第二部分　制图基础模块

第3章　制图基础知识

学习目标

1. 能够使用常用绘图工具；
2. 能够掌握制图的基本规定。

3.1　常用绘图工具

按照绘图工具的不同，工程绘图可分为尺规绘图、徒手绘图和计算机绘图。尺规绘图是借助图板、三角板、圆规等绘图工具和绘图仪器进行手工绘图的一种方法。

常用的绘图工具有图板、丁字尺、三角板、圆规、分规、比例尺、曲线板、铅笔等。

3.1.1　图板、丁字尺、三角板

1. 图板

图板是用来铺放图纸的矩形木板，通常用胶合板制成，要求板面平整光滑，图板两端平整，边角垂直，如图 3.1 所示。

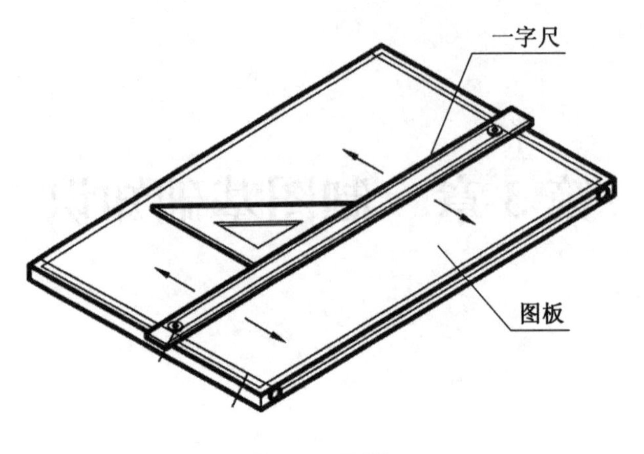

图 3.1 图板

2. 丁字尺

丁字尺是由相互垂直的尺头和尺身构成(图 3.2),是用胶合板或有机玻璃制成的。主要用来与图板配合画水平线,也可以与三角板配合画铅垂线和平行斜线,如图 3.2 所示。

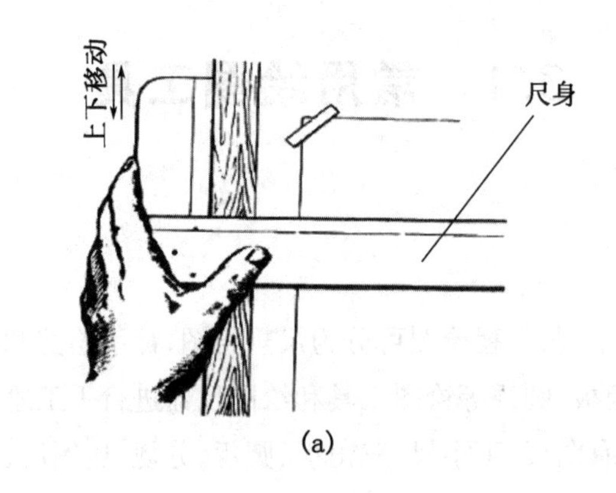

(a)

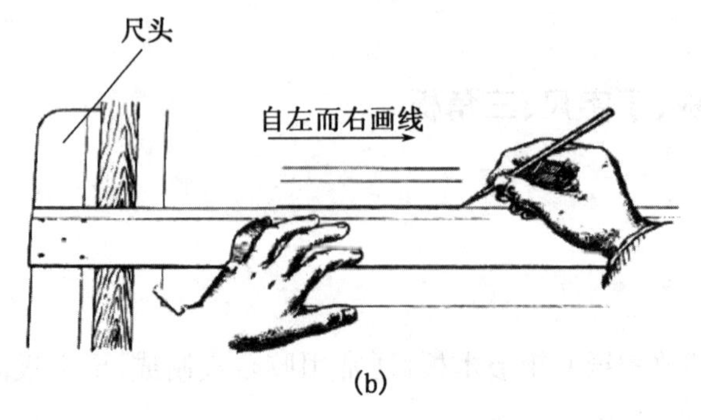

(b)

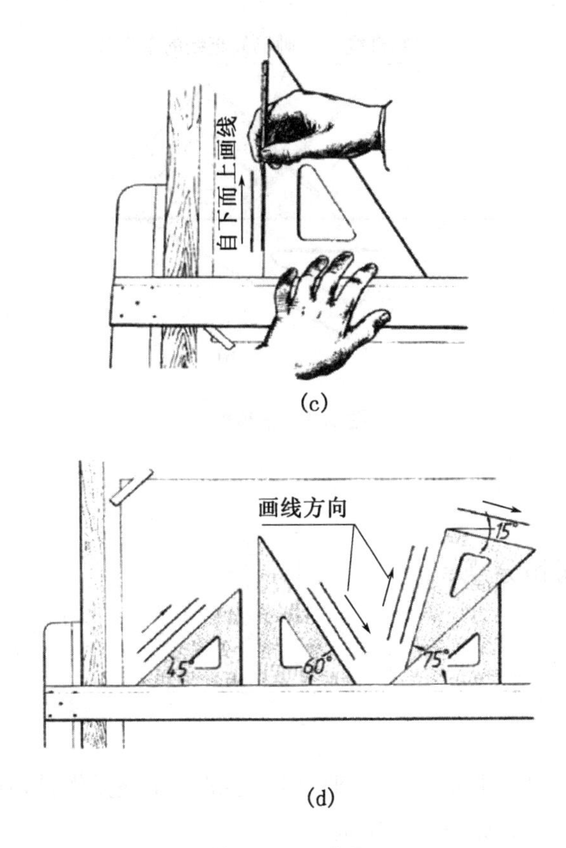

(c)

(d)

图 3.2　丁字尺

3. 三角板

三角板主要是与丁字尺配合，用来画铅垂线和某些角度的斜线，如图 3.2c、d 所示。多个三角板互相配合，可以画已知直线的平行线或垂直线，如图 3.3 所示。

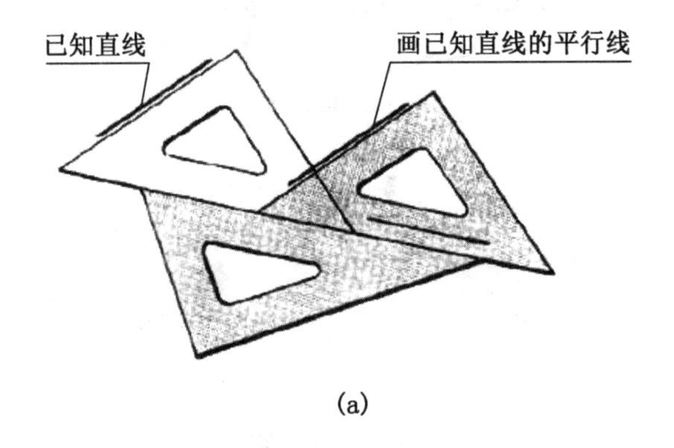

(a)

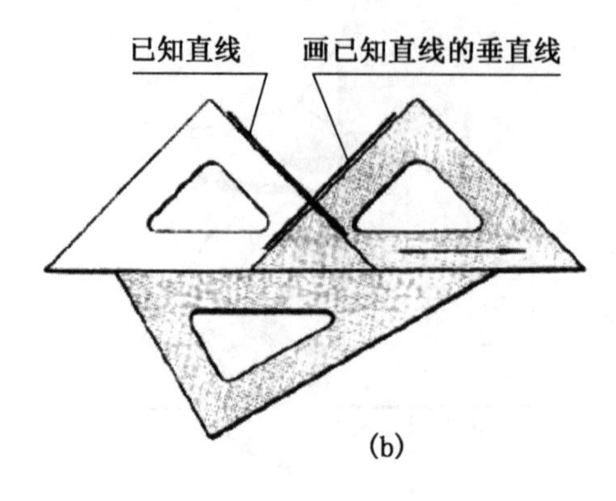

(b)

图 3.3 三角板

3.1.2 圆规和分规

1. 圆规

圆规是画圆、圆弧的主要工具。圆规定圆心的一条腿是钢针，画圆或画圆弧的一条腿是装有铅芯的插腿，如图 3.4 所示。

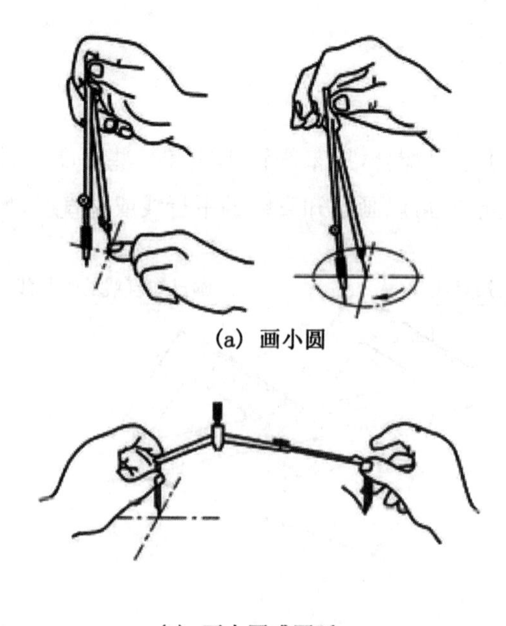

(a) 画小圆

(b) 画大圆或圆弧

图 3.4 圆规

2. 分规

分规是用来量取尺寸和等分线段的仪器，如图 3.5 所示。

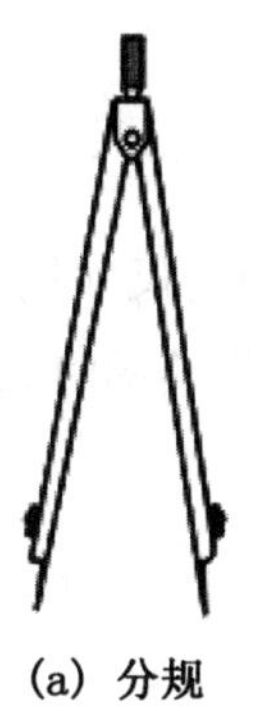

(a) 分规

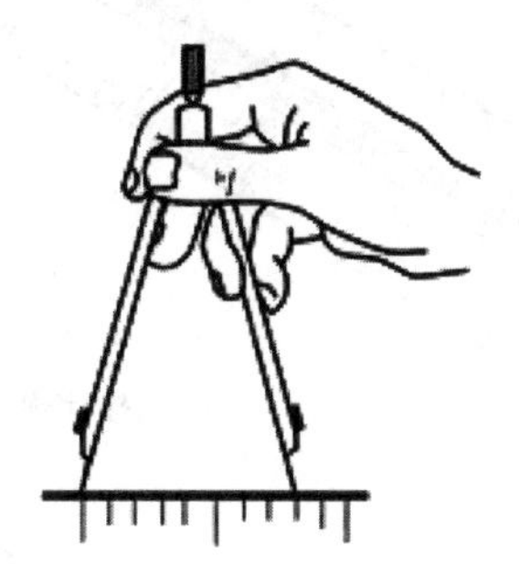

(b) 量取长度

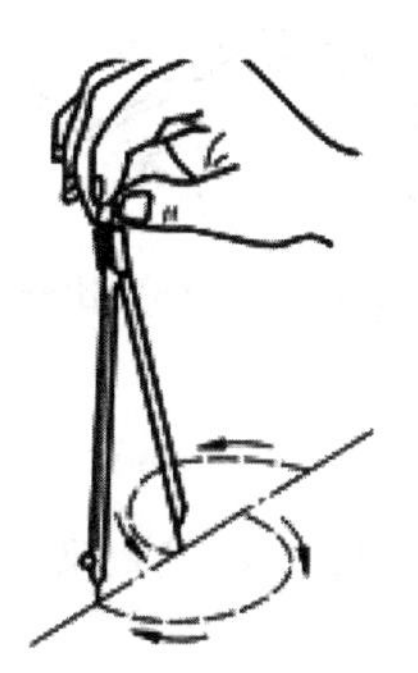

(c) 等分线段

图 3.5　分规

3.1.3 比例尺和曲线板

1. 比例尺

比例尺是供绘图时量取不同比例的尺寸用，其形状常为三棱柱，也称为三棱尺，它三个面刻有六种不同的比例刻度，供绘图时选用，如图 3.6 所示。

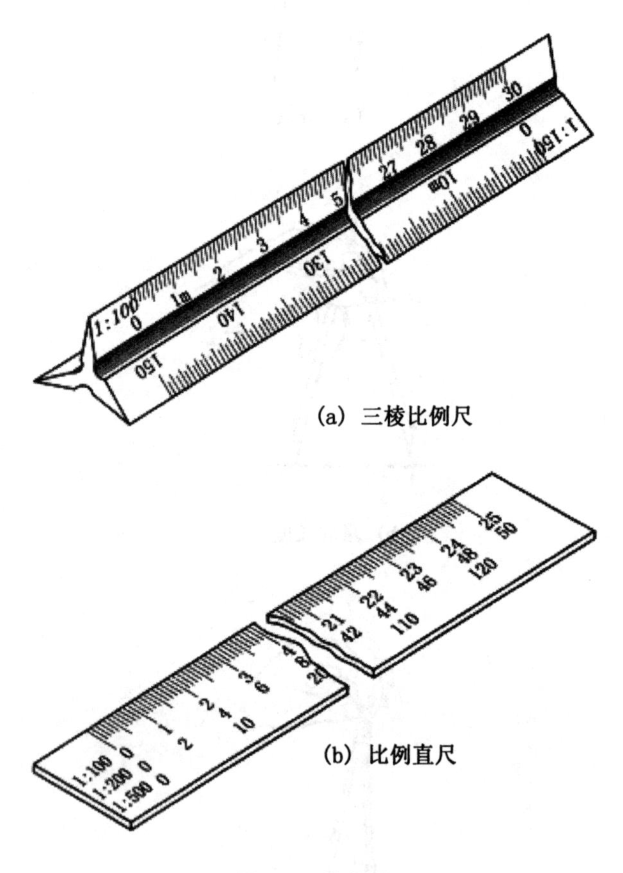

(a) 三棱比例尺

(b) 比例直尺

图 3.6 比例尺

2. 曲线板

曲线板是用来绘制不同曲率半径的非圆曲线的工具，如图 3.7 所示。

(a) 复式曲线板

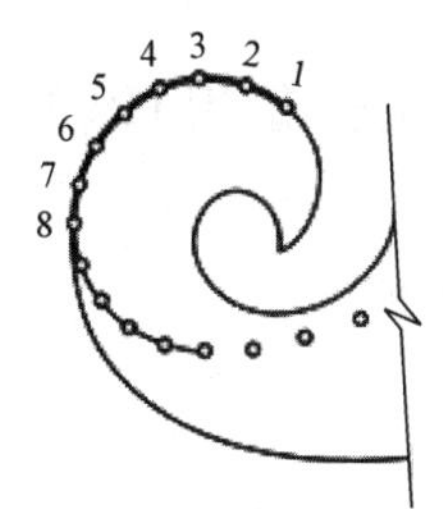

① 连1~8点

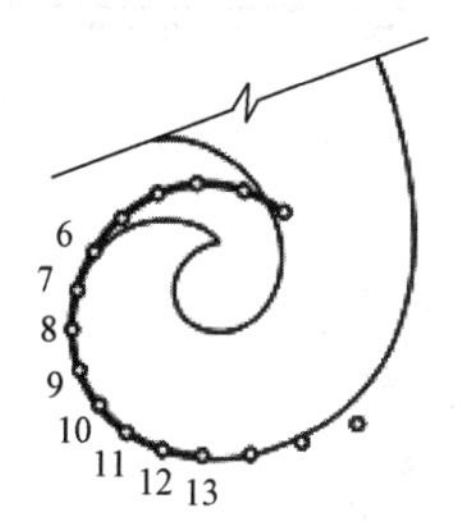

② 连6~13点

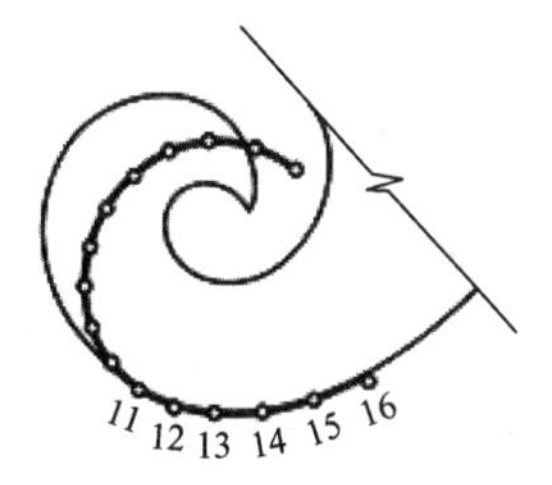

③ 连11~16点

图 3.7　曲线板画非圆曲线

3.1.4 铅笔和其他绘图用品

1. 铅笔

绘图铅笔用标号表示铅笔的软硬程度。标号中的 H 表示硬，B 表示软，HB 表示不软不硬。

绘图时常用 H 或 2H 的铅笔画底稿；用 HB 的铅笔写字或徒手画图；用 B 或 2B 铅笔加深描粗图线。

铅笔要削成圆锥形，如图 3.8 所示。

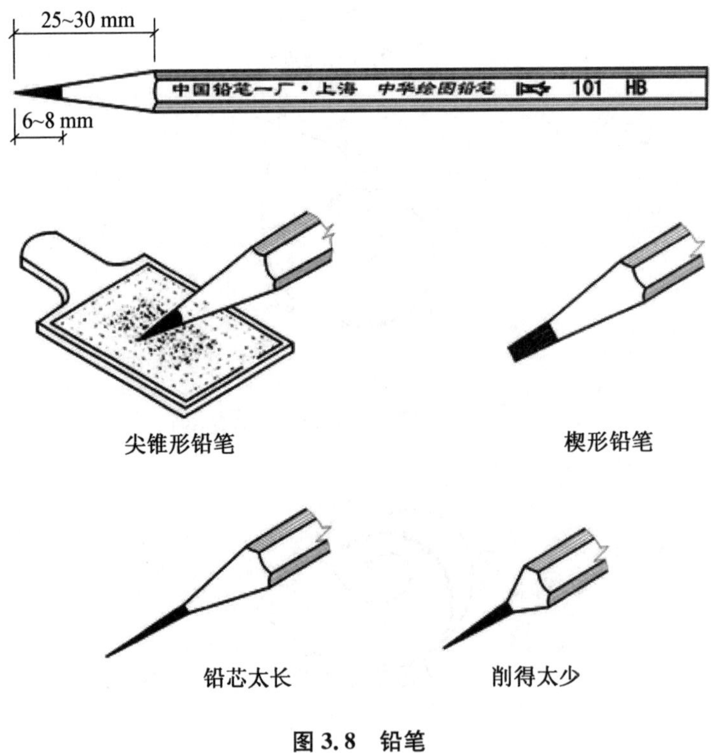

图 3.8 铅笔

2. 其他绘图用品

常用的其他绘图用品有：橡皮、小刀、擦图片、胶带纸、砂纸等。

3.2　制图的基本规定

为了便于生产和技术交流，使工程图样图形准确，保证图面质量，符合设计、施工、存档的要求，绘制工程图样时必须遵循统一的标准，即《房屋建筑制图统一标准》(GB/T 50001—2017)和《道路工程制图标准》(GB 50162—1992)。

3.2.1　图幅

图幅是指图纸的幅面大小，即图纸的长度和宽度组成的图面。幅面用代号“A一”表示(一为数字 0、1、2、3、4，如 A0、A1、A2 等)，图纸基本幅面如图 3.9 中所示。

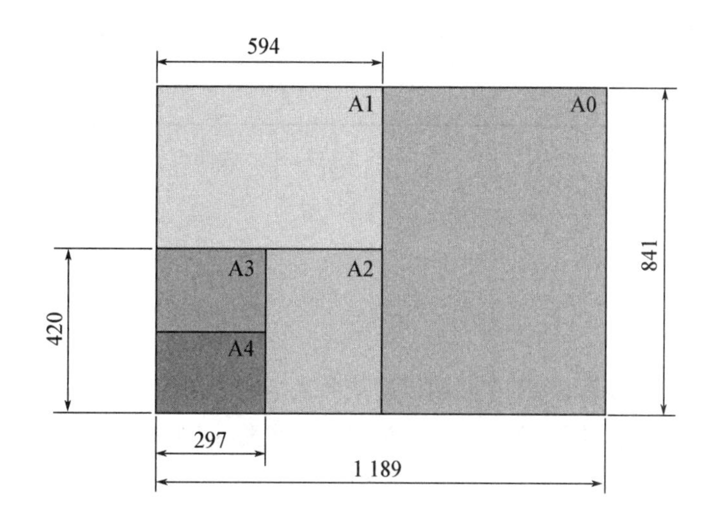

图 3.9　各幅面尺寸

从图 3.9 可以看出，A0 到 A4 的各种图幅的尺寸关系，A0 沿着长边对折即为两张的 A1，A1 沿着长边对折为两张的 A2，以此类推。

1. 幅面尺寸

为了便于统一装订、保存，房屋建筑工程和道路工程的“制图标准”对图纸的幅面尺寸进行了统一规定，房屋建筑制图的图幅见表 3－1，道路工程制图的图幅见表 3－2。

表 3－1 房屋建筑制图的图幅尺寸(mm)

尺寸 \ 幅画	A0	A1	A2	A3	A4
$b\times l$	841×1 189	594×841	420×594	297×420	210×297
c	10			5	
a	25				

表 3－2 道路工程制图的图幅尺寸(mm)

尺寸 \ 幅画	A0	A1	A2	A3	A4
$b\times l$	841×1 189	594×841	420×594	297×420	210×297
a	35	35	35	30	25
c	10				

注：表中的 b 为幅面的短边尺寸，l 为幅面的长边尺寸，c 为图框线与幅面线之间的宽度，a 为图框线与装订边间的宽度。

2. 图框格式

图纸无论是否装订，均需在图幅以内按照表 3－1 或表 3－2 的规定尺寸画出图框，图框线用粗实线绘制。图框格式有横式和立式两种，如图 3.10 所示。

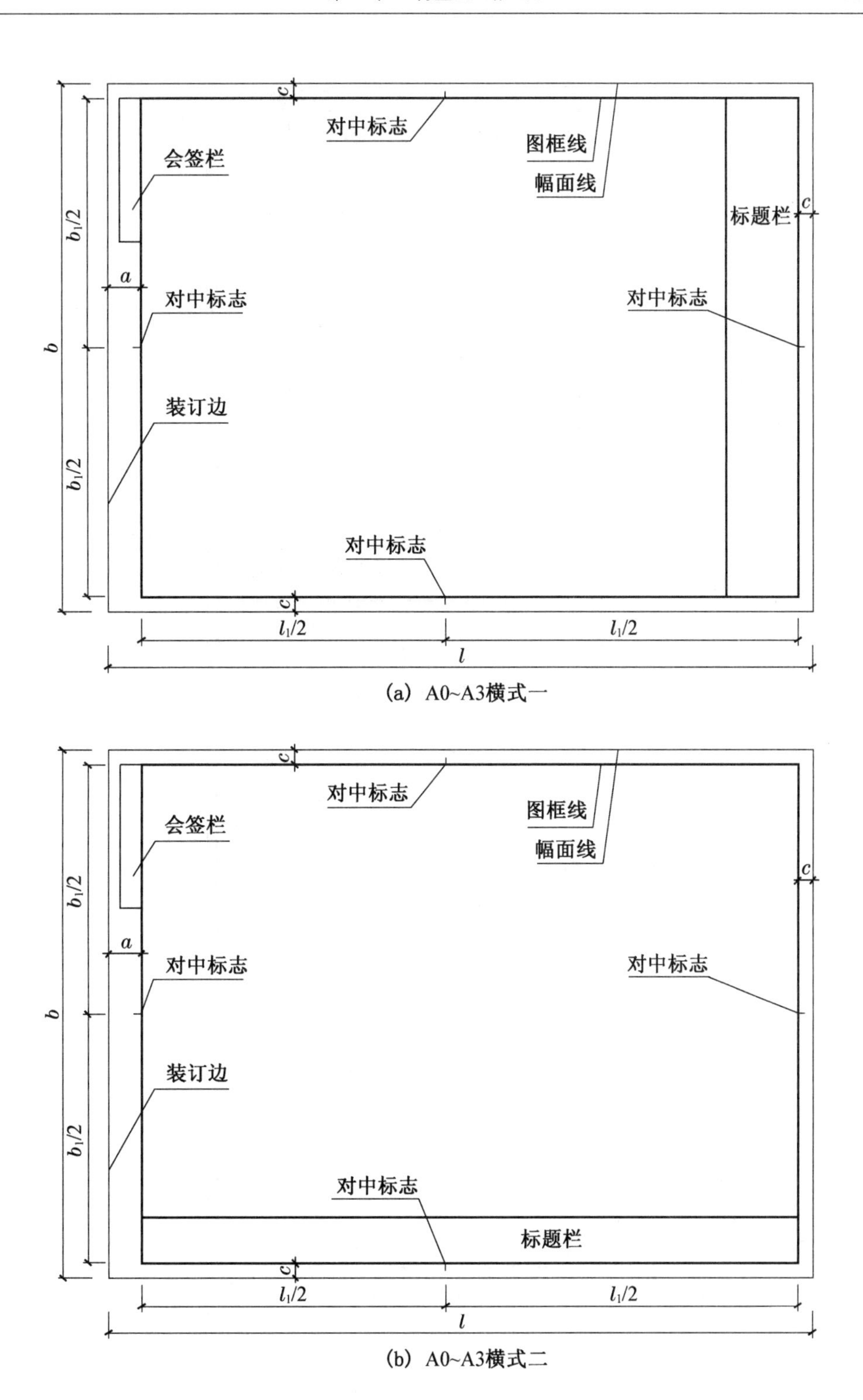

(a) A0~A3横式一

(b) A0~A3横式二

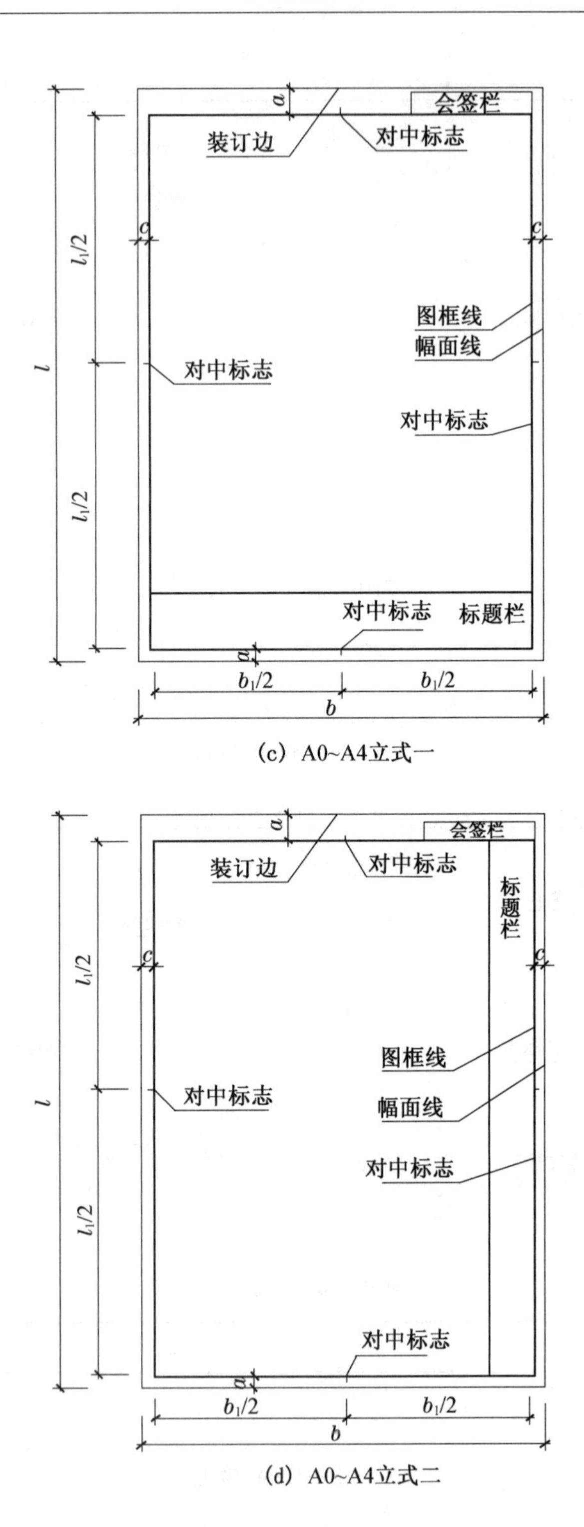

(c) A0~A4立式一

(d) A0~A4立式二

图 3.10 图纸幅面

3. 标题栏与会签栏

在每张图纸中，为了方便查阅，应在图框的右边或下边设置标题栏，俗称图标。标题栏的内容有设计单位名称、工程名称、图样名称、比例、设计日期、设计人、校对人、审核人、项目负责人、专业负责人以及注册建筑师或注册结构师盖章，标题栏应按如图 3.11 所示，根据工程的需要选择确定其尺寸、格式及分区。

在图框左侧或者上方的外面留有会签栏，会签栏是供设计单位在设计期间相关专业互相提供技术条件所用。

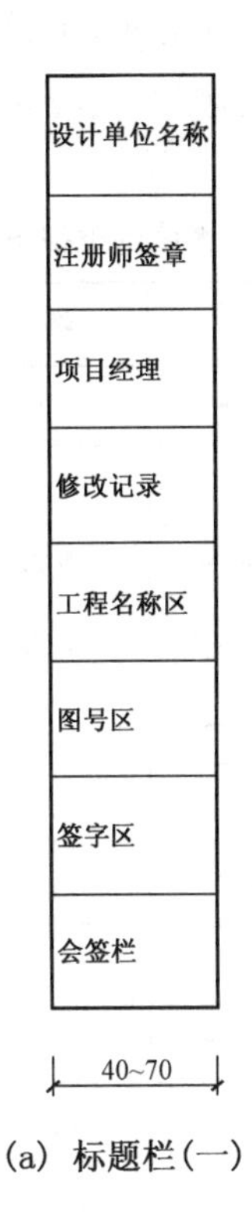

(a) 标题栏(一)

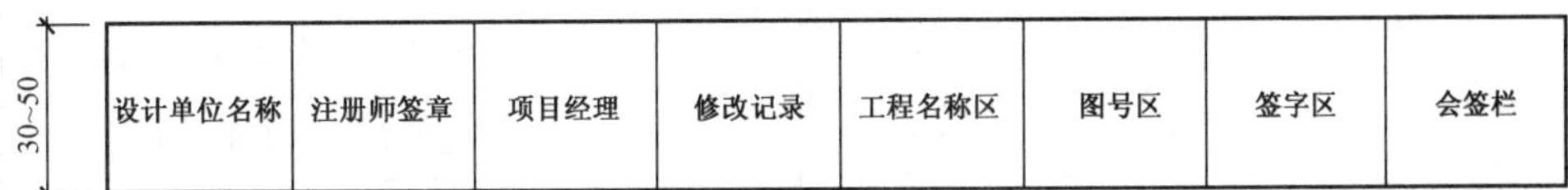

(b) 标题栏(二)

图 3.11　标题栏

3.2.2 图线

1. 线型与线宽

任何工程图样都是采用不同的线型和线宽的图线绘制而成的，这些图线可表达图样的不同内容，可以分清图中的主次。线型有实线、虚线、单点长画线、双点长画线、折断线和波浪线等，其中有些线型还分粗、中、细三种。

工程制图中常用的图线类型与用途如表 3－3 所示。

表 3－3 图线的类型与用途

名称		线型	线宽	一般用途
实线	粗		b	主要可见轮廓线
	中粗		0.7b	可见轮廓线
	中		0.5b	可见轮廓线、尺寸线、变更云线
	细		0.25b	图例填充线、家具线
虚线	粗		b	见各有关专业制图标准
	中粗		0.7b	不可见轮廓线
	中		0.5b	不可见轮廓线、图例线
	细		0.25b	图例填充线、家具线
单点长画线	粗		b	见各有关专业制图标准
	中		0.5b	见各有关专业制图标准
	细		0.25b	中心线、对称线、轴线等
双点长画线	粗		b	见各有关专业制图标准
	中		0.5b	见各有关专业制图标准
	细		0.25b	假想轮廓线、成型前原始轮廓线
折断线	细		0.25b	断开界线
波浪线	细		0.25b	断开界线

2. 注意事项

绘制图线时应注意以下几点：

(1) 相互平行的两条图线,其净间隙不宜小于 0.2 mm。

(2) 虚线、单点长画线、双点长画线的线段长度和间隔,宜各自相等。

(3) 绘制相交图线时,应注意相交处的画法。

(4) 圆的中心线应注意相交处的画法。

以上注意事项如图 3.12 所示。

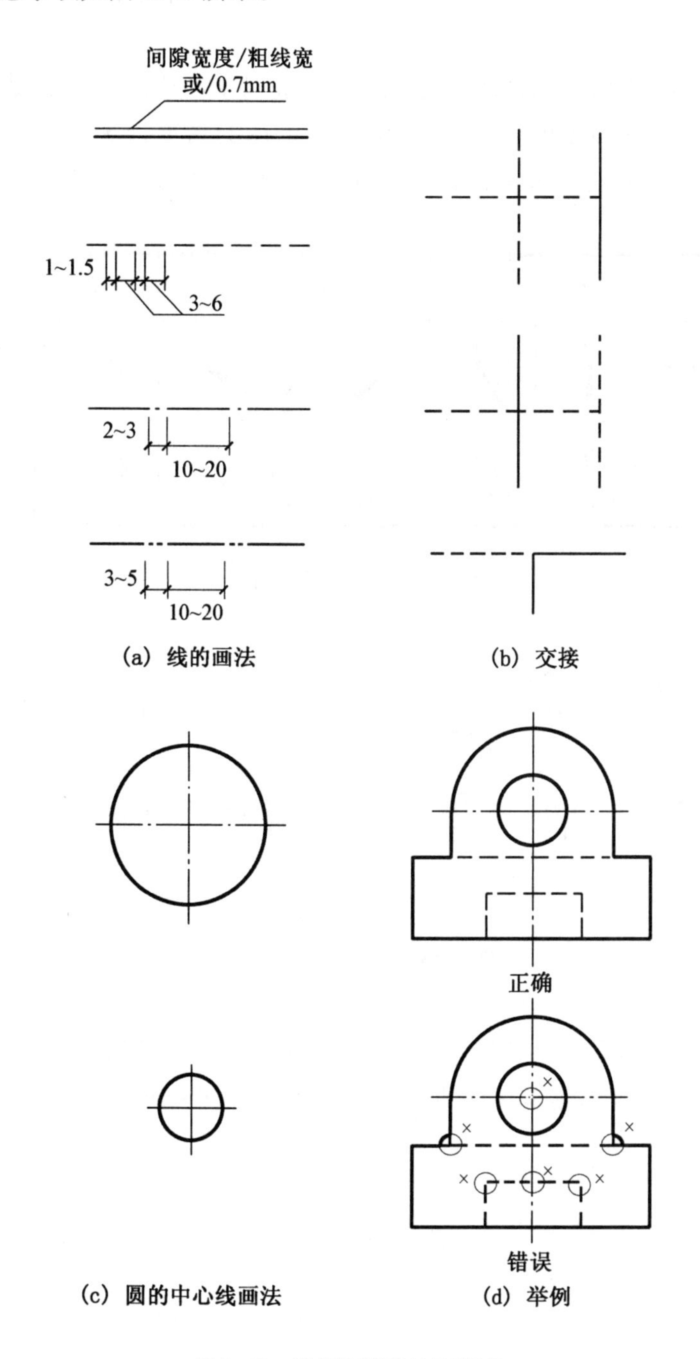

图 3.12　绘制图线的注意事项

3.2.3 字体

图纸上所需要的文字、数字或者字母等，均要笔画清晰、字体端正，标点符号应清楚正确。

图样和说明中的汉子应采用国家公布的简化汉字，应写成长仿宋体，如图 3.13 所示。汉字宽度和高度的比例大约为 2:3，字体的高度即为字号，字高系列有 3.5 mm、5 mm、7 mm、10 mm、14 mm、20 mm 等，如 5 号字的字高为 5 mm。

名称	横	竖	撇	捺	挑	点	钩
形状							
笔法							

(a) 仿宋体字基本笔画的写法

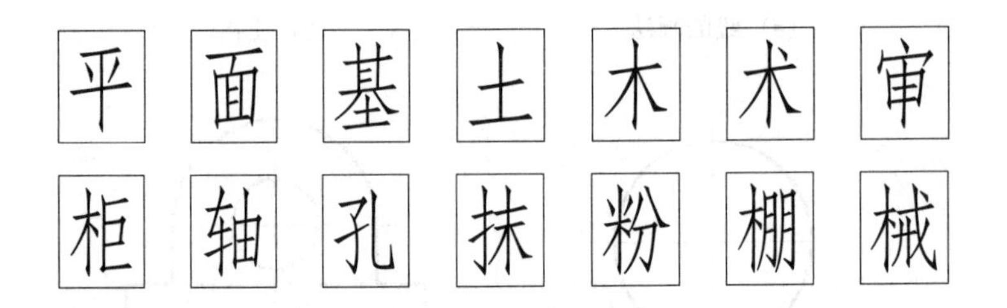

(b) 仿宋体

图 3.13 长仿宋体书写示例

拉丁字母、阿拉伯数字、罗马字母等应写成等线字体，字高不应小于 2.5 mm。数字和字母的字体有直体和斜体两种形式(图 3.14)，在同一册图纸中的数字和字母一般应保持一致。

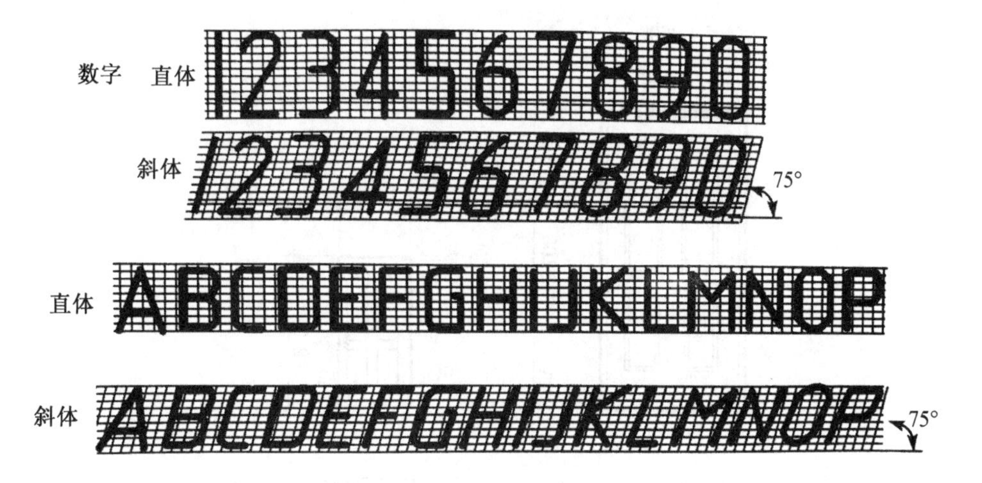

图 3.14　数字与字母示例

3.2.4　比例

比例是指图样中图形与实物相应线性尺寸之比。

比值大于 1 的比例，称为放大的比例；比值小于 1 的比例，称为缩小的比例。工程图上常采用缩小的比例，如表 3－4 所示。

表 3－4　绘图选用的比例

常用比例	1∶1、1∶2、1∶5、1∶10、1∶20、1∶30、1∶50、1∶100、1∶150、1∶200、1∶500、1∶1 000、1∶2 000
可用比例	1∶3、1∶4、1∶6、1∶15、1∶25、1∶40、1∶60、1∶80、1∶250、1∶300、1∶400、1∶600、1∶5 000、1∶10 000、1∶20 000、1∶50 000、1∶100 000、1∶200 000

比例书写示例如图 3.15 所示。

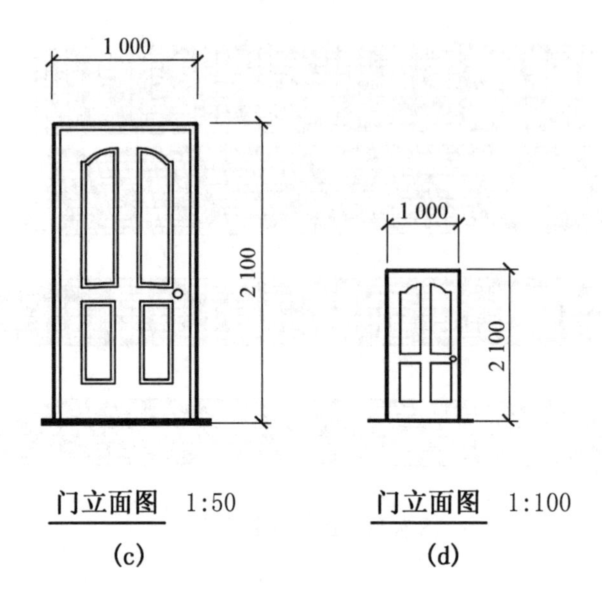

图 3.15 比例的书写示例

3.2.5 尺寸标注

图样上的尺寸由尺寸线、尺寸界线、起止符号和尺寸数字四部分组成，如图 3.16 所示。

(1) 尺寸线：用细实线绘制，应与被标注长度平行，且不应超出尺寸界线；

(2) 尺寸界线：用细实线绘制，应与被标注长度垂直，其一端离开图样轮廓不小于 2 mm，另一端宜超出尺寸线 2～3 mm，如图 3.16 所示。

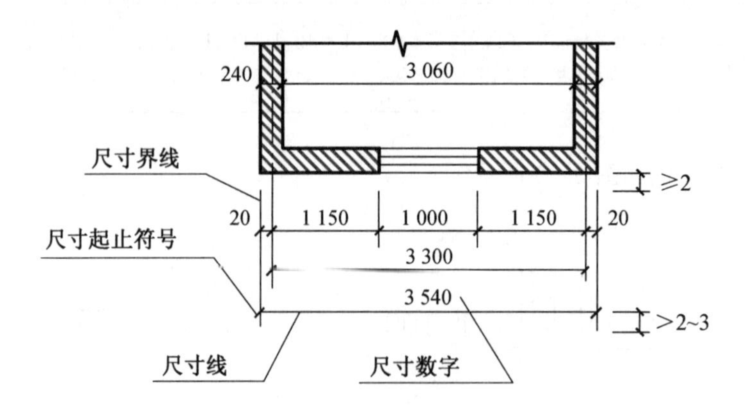

图 3.16 尺寸的组成

图样轮廓线可用作尺寸界线，如图 3.17 所示。

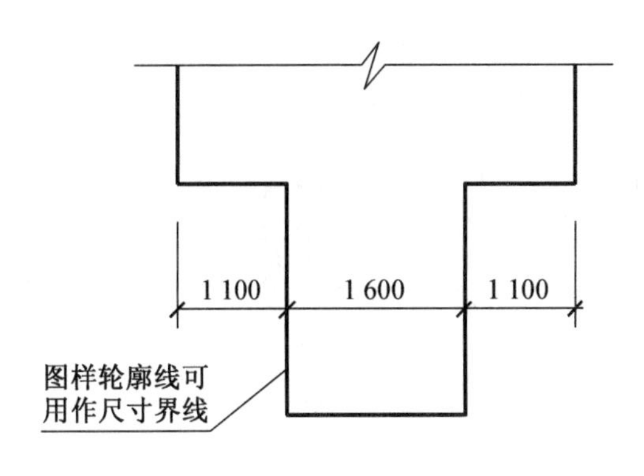

图 3.17　尺寸界线

(3) 尺寸起止符：一般用中粗斜短线绘制，其倾斜方向应与尺寸界线成顺时针 45°角，长度 2～3 mm。半径、直径、角度与弧长的起止符宜用箭头表示，如图 3.18 所示。

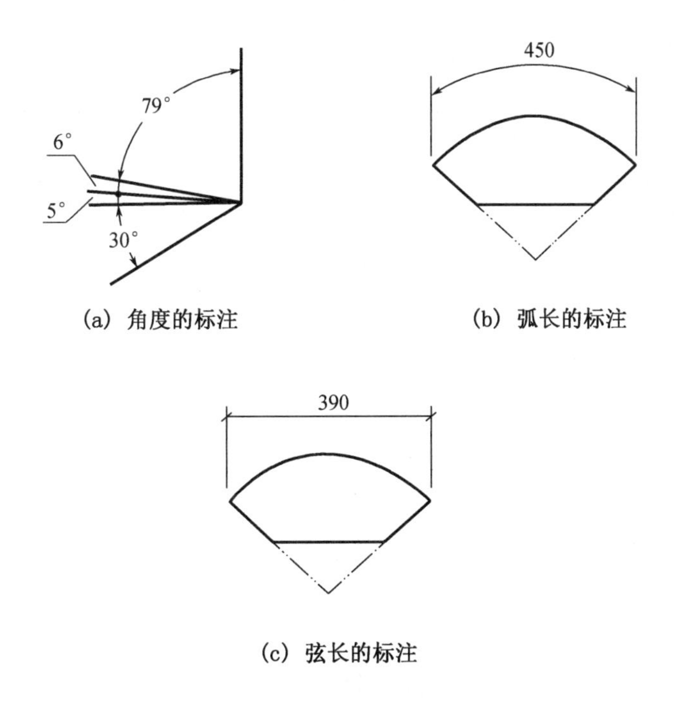

(a) 角度的标注　(b) 弧长的标注

(c) 弦长的标注

图 3.18　角度、弧长、弦长的标注

(4) 尺寸数字：一律采用阿拉伯数字注写。

尺寸标注是一项细致的工作，必须认真，不得一丁点马虎，表 3－5 列出常见的尺寸标注正误对比，供学习参考。

表 3-5 尺寸标注的正误对比

说明	正确	错误
轮廓线、中心线可用作尺寸界线，但不能用作尺寸线	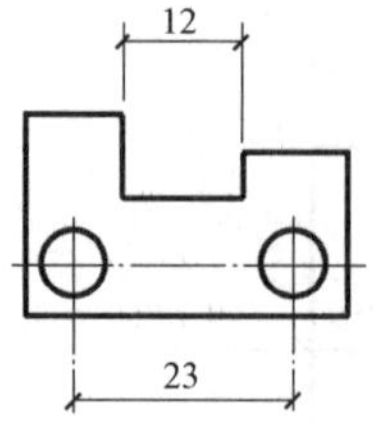 12 23	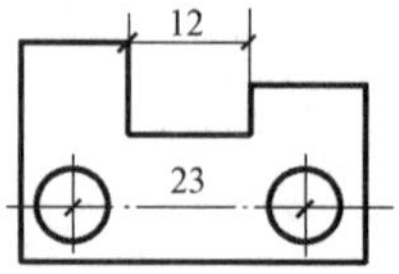 12 23
不能用尺寸界线作尺寸线	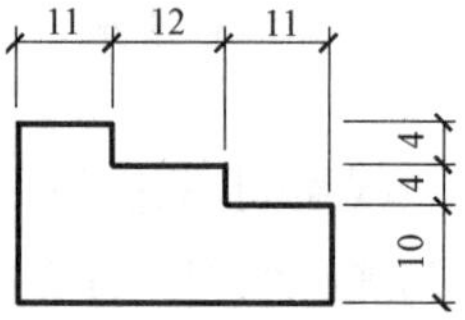 11 12 11 4 4 10	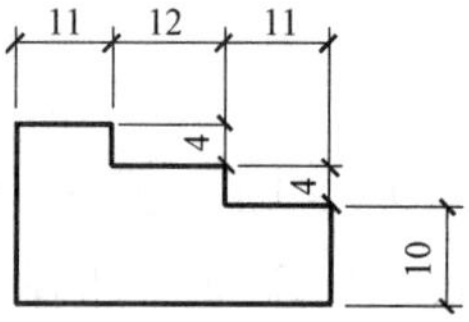 11 12 11 4 4 10
应将大尺寸标在外侧，小尺寸标在内侧	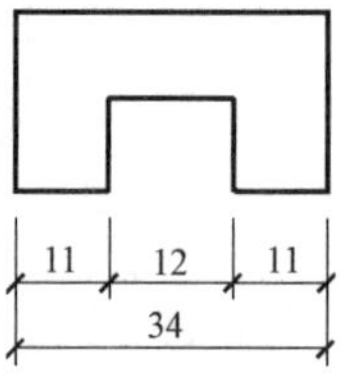 11 12 11 34	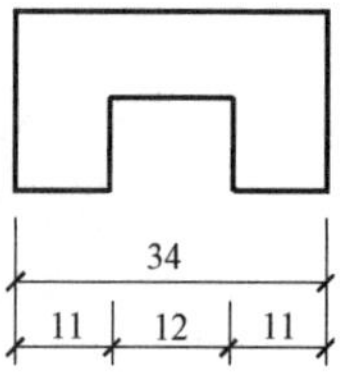 34 11 12 11
水平方向和竖直方向的尺寸数字注写应按规定方向注写	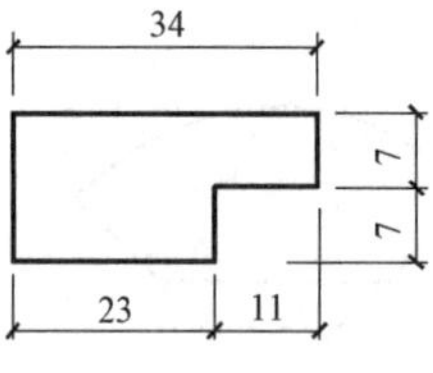 34 7 7 23 11	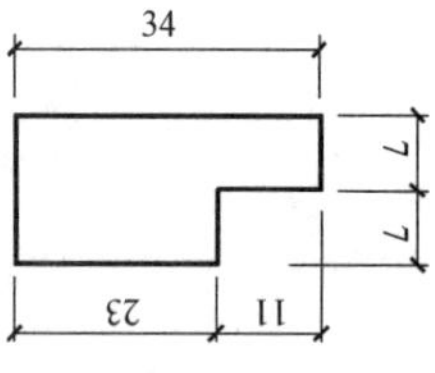 34 7 7 23 11
尺寸数字应按照规定方向注写，尽量避免在阴影范围内注写尺寸数字	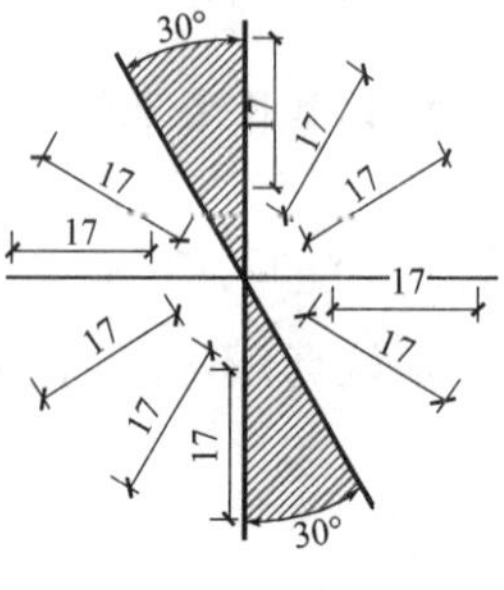 30° 17 17 17 17 17 17 17 17 17 17 30°	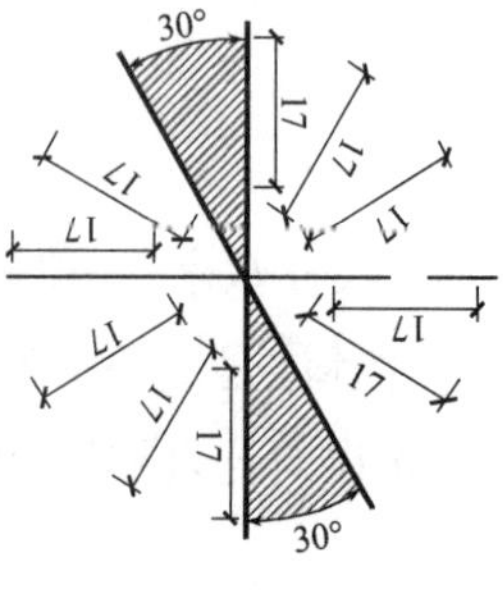 30° 17 17 17 17 17 17 17 17 17 17 30°

续表

说明	正确	错误
任何图线不能穿交尺寸数字。无法避免时，需将图线断开	9　13　9	9　13　9
同一张图纸所标注的尺寸数字字号应大小统一	130　190　60 70　60　100　70　60 360	130　190　60 70　60　100　70　60 360

3.3 平面图形画法

建筑施工图中的图样形状是多种多样的，但是其投影轮廓却是由一些直线、圆弧或其他曲线组成的几何图形。因此，掌握常用几种几何图形的画法非常必要。

3.3.1 平行线、垂直线、等分线段的画法

1. 作平行线

过已知点 P 作一直线平行于已知直线 AB，作图过程如图 3.19 所示。

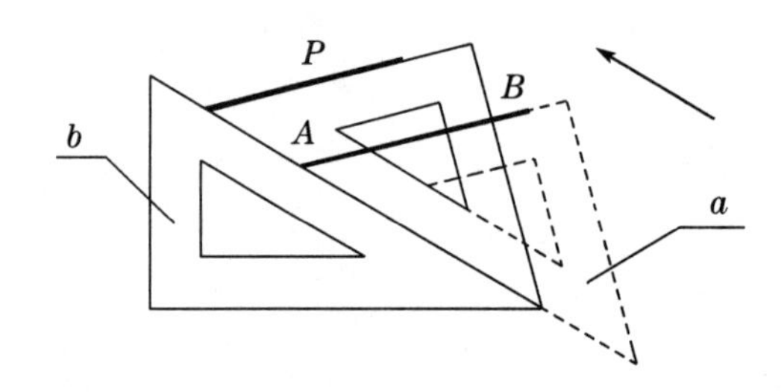

(1) 使三角板 a 的一直角边先靠贴 AB，其斜边靠上另一三角板 b；
(2) 按住三角板 b 不动，推动三角板 a 至点 P；
(3) 过 P 点画一直线即为所求。

图 3.19 作平行线

2. 作垂直线

过已知点 P 作一直线垂直于已知直线 AB，作图过程如图 3.20 所示。

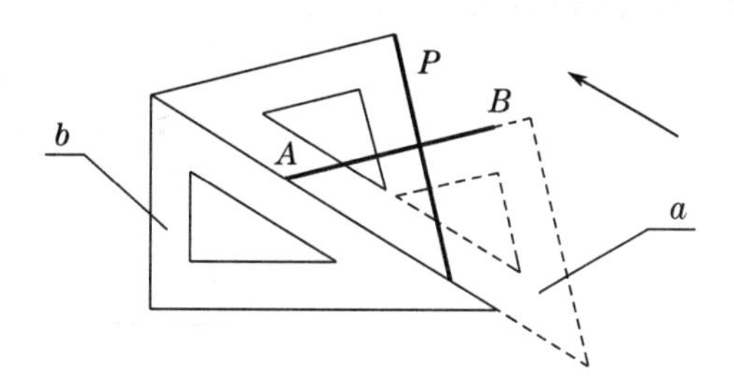

(1) 使三角板 a 的一边靠贴 AB，另一个三角板 b 靠贴三角板 a 一边；
(2) 按住三角板 b 不动，推动三角板 a 至 P 点；
(3) 过 P 点画直线即为所求。

图 3.20　作垂直线

3. 等分线段

(1) 已知线段 AB，请把直线 AB 五等分，作图过程如图 3.21 所示。

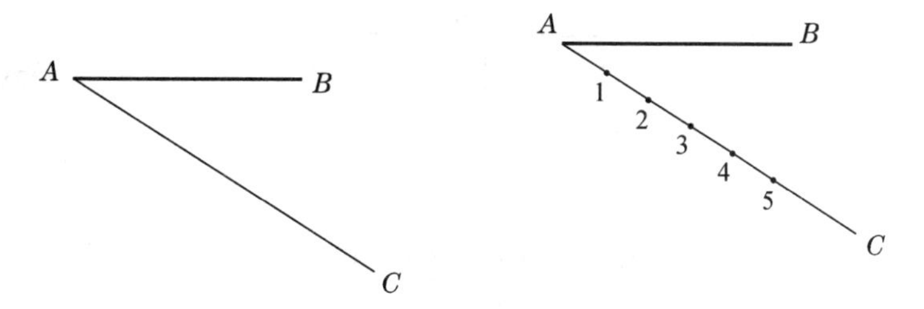

(a) 自A点任意引一直线AC

(b) 在AC上截取任意等分长度的五个等分点

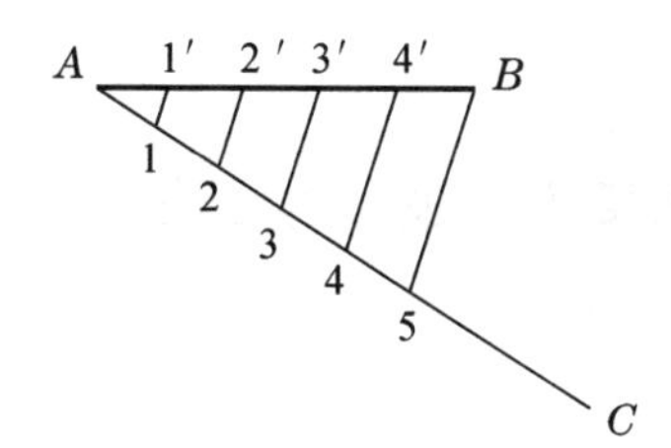

(c) 连接$5B$,分别过1、2、3、4各点作$5B$的平行线，即得等分点1′、2′、3′、4′

图 3.21　五等分线段

(2) 作已知直线二等分，如图 3.22 所示。

(a) 已知线段AB。

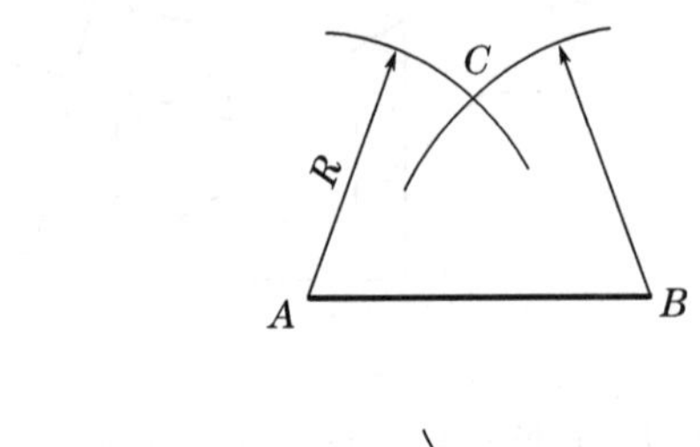

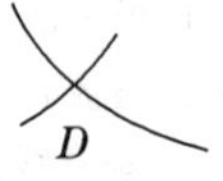

(b) 分别以A、B为圆心，大于$\frac{1}{2}AB$的长度R为半径作弧，两弧交于C、D

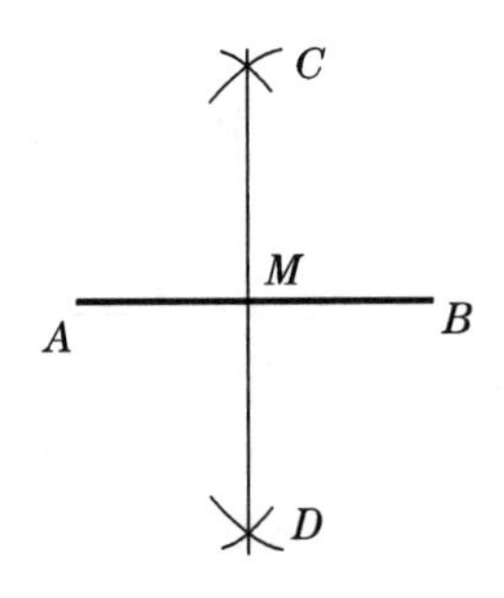

(c) 连接CD交AB于M，M即为AB的中点

图 3.22　二等分线段

3.3.2　等分圆周和内接正多边形的画法

1. 三等分圆周和内接正三边形

已知一个圆和半径，作三等分圆周和内接正三边形，如图 3.23 所示。

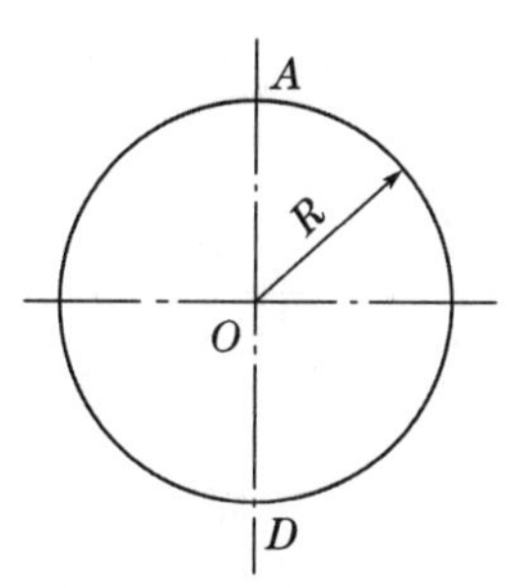

(a) 已知半径为R的圆及圆上两点A、D

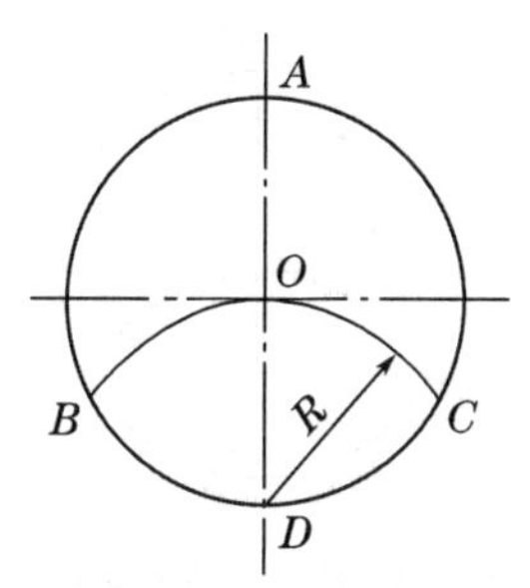

(b) 以D为圆心，R为半径作弧得B、C两点

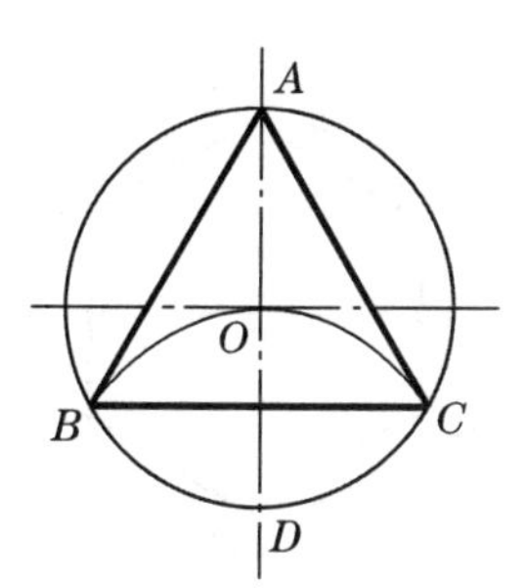

(c) 连接AB、AC、BC，即得圆内接正三角形

图 3.23　三等分圆周和内接正三边形

2. 六等分圆周和内接正六边形

已知一个圆和半径，作六等分圆周和内接正六边形，如图 3.24 所示。

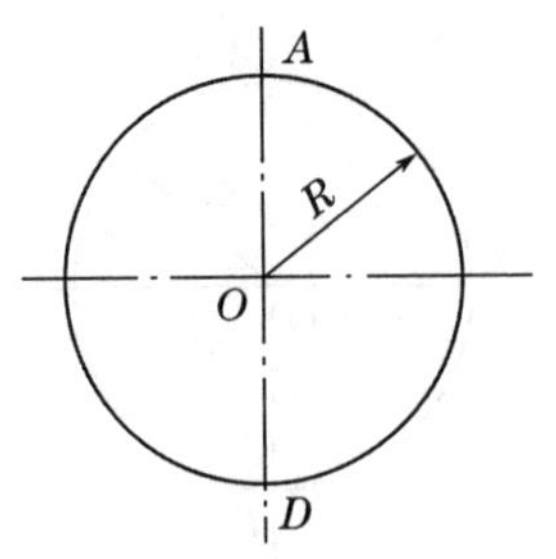

(a) 已知半径为R的圆及圆上两点A、D

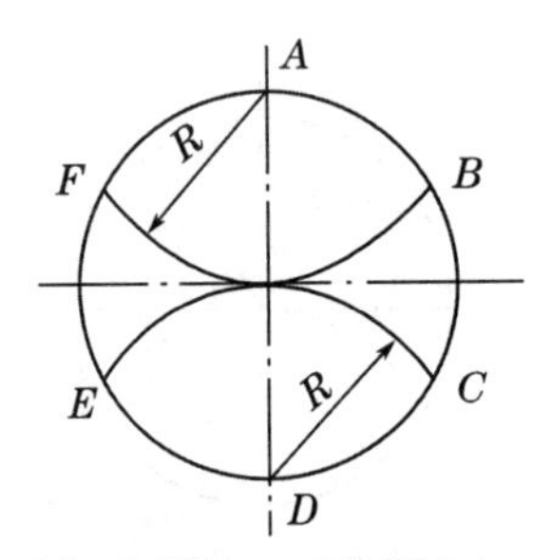

(b) 分别以A、D为圆心，R为半径作弧得B、C、E、F各点

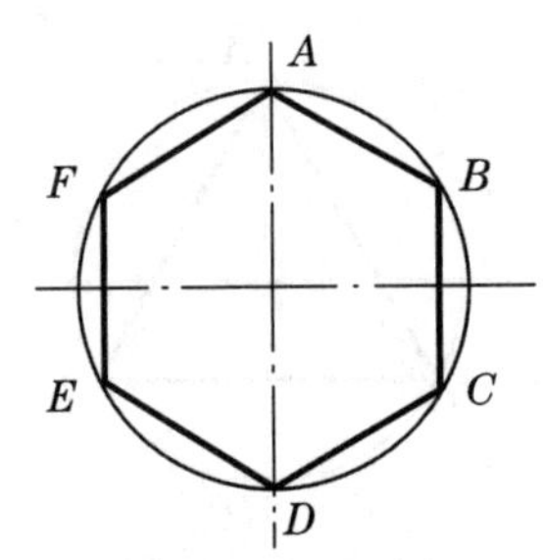

(c) 依次连接各点即得圆内接正六边形$ABCDEF$

图 3.24　六等分圆周和内接正六边形

3.3.3　圆弧的连接

1. 两直线间的圆弧连接

已知两条直线 AB 和 CD 以及连接圆弧半径 R，请用半径 R 的圆弧连接直线 AB 和 CD，作图过程如图 3.25 所示。

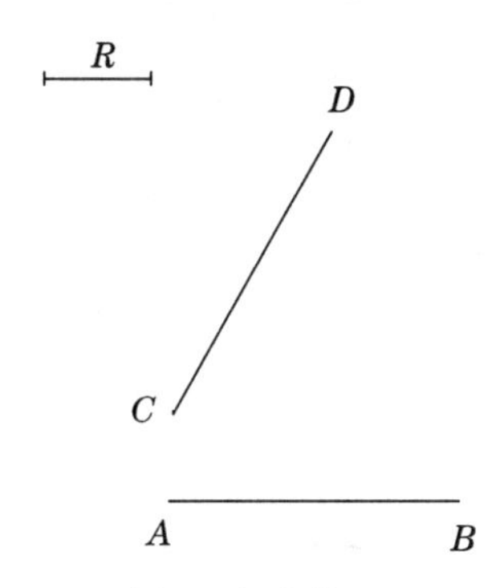

(a) 已知直线AB、CD，
连接弧半径R

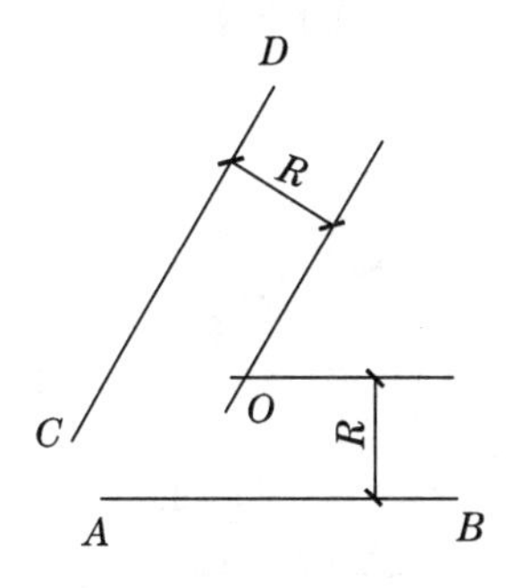

(b) 以连接弧半径R为间距，
分别作两已知直线的平
行线交于O点

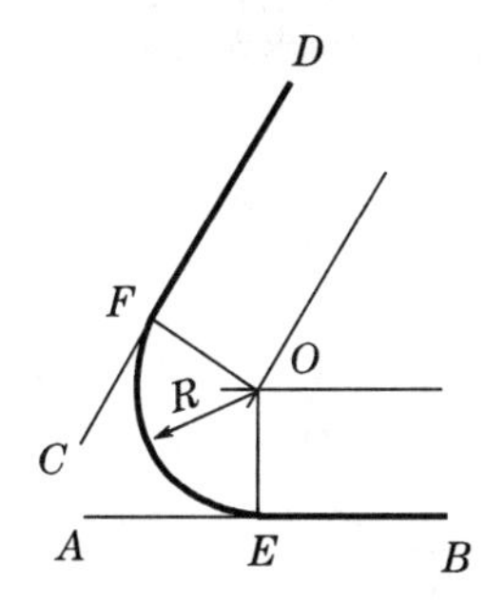

(c) 过O点作已知直线的垂线，
垂足E、F点即为切点，以
O为圆心，R为半径，过E、
F作弧，即为所求

图 3.25　两直线间的圆弧连接

2. 直线与圆弧间的圆弧连接

已知直线 AB 和半径 R_1 的圆 O_1，连接弧半径 R，请用半径 R 的圆弧连接直线 AB 和圆 O_1，作图过程如图 3.26 所示。

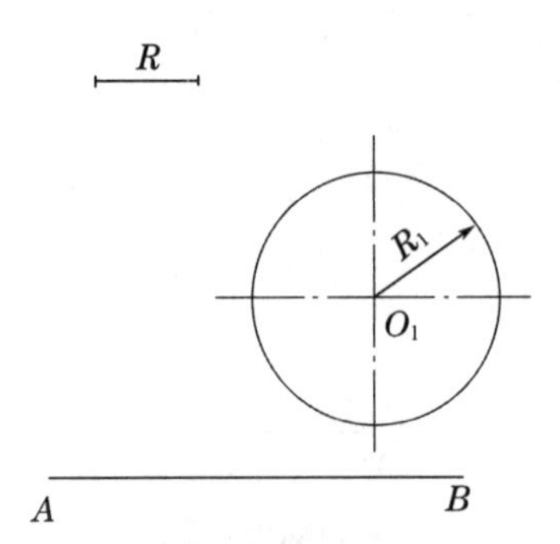

(a) 已知直线AB，半径为R_1的圆O_1，连接弧半径R

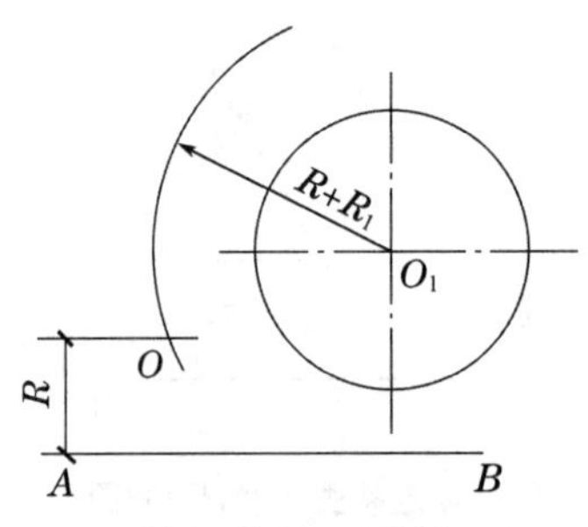

(b) 以R为间距，作AB直线的平行线与以O_1为圆心，$R+R_1$为半径所作的弧交于O，O即为所求连接弧圆心

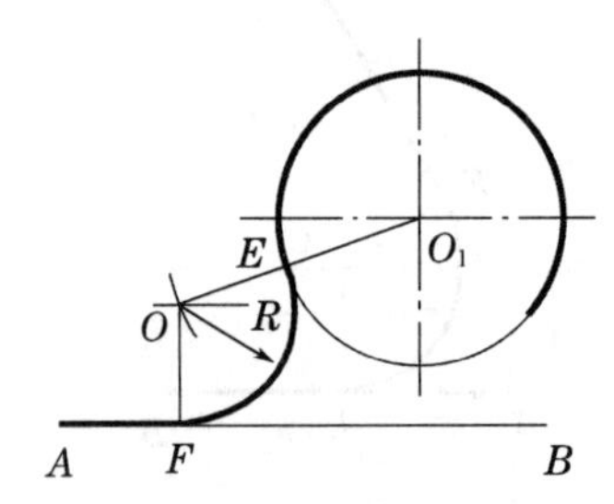

(c) 连OO_1交圆于E点，过O作OF垂直直线AB，F为垂足，以O为圆心，R为半径，过E、F作弧，即为所求

图 3.26　直线与圆弧间的圆弧连接

3. 两圆弧间的圆弧连接

已知圆 O_1 和圆 O_2 以及连接弧半径 R，请用半径 R 的圆弧连接圆 O_1 和圆 O_2，作图过程如图 3.27 所示。

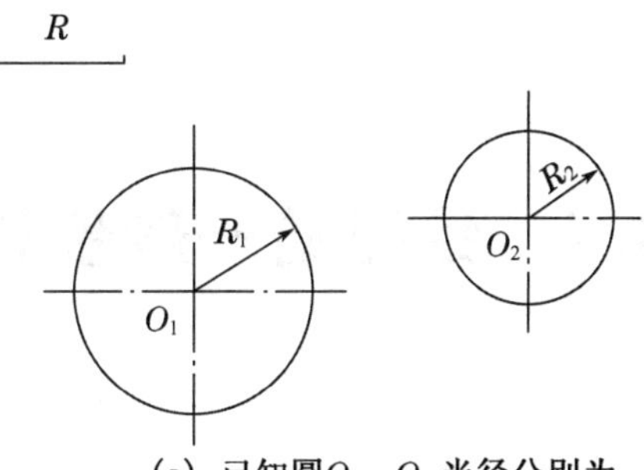

(a) 已知圆O_1、O_2,半径分别为 R_1、R_2，连接弧半径为R

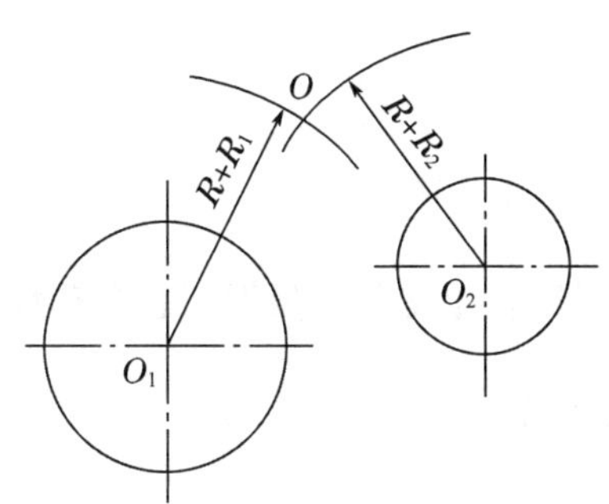

(b) 分别以O_1、O_2为圆心，$R+R_1$、$R+R_2$为半径作弧，并交于点O,O即为连接弧圆心

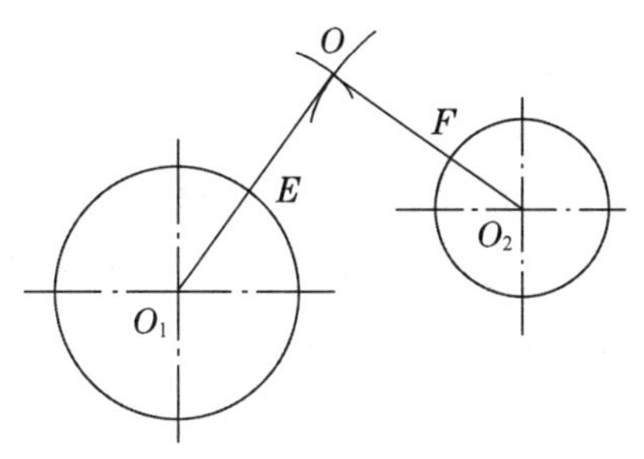

(c) 连接OO_1、OO_2与两圆的圆周分别交于E、F点，E、F点即为切点

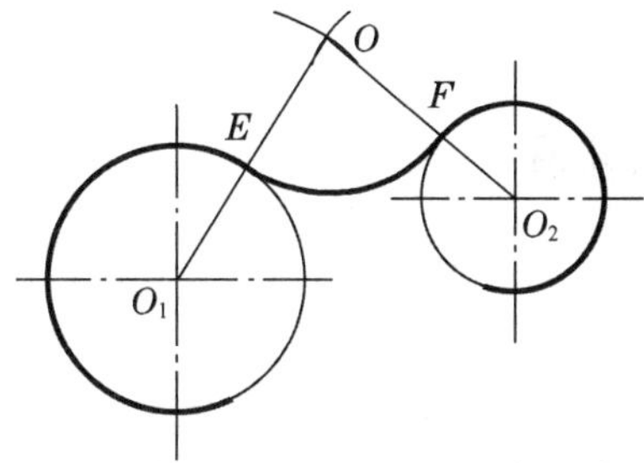

(d) 以O为圆心，R为半径，自切点E、F作弧，即为所求

图 3.27　两圆弧间的圆弧连接

3.4 绘图的一般步骤

3.4.1 绘图准备工作

对所绘图样进行阅读了解，在绘图前尽量做到心中有数。

1. 绘图工具、绘图用品准备

准备好必需的绘图仪器、工具、用品，并且把图板、一字尺、丁字尺、三角板、比例尺等擦洗干净，把绘图工具、用品放在合适的位置。

2. 阅读图样，选用合适图幅

认真阅读需绘制的图样，分析图形的尺寸以及线段的连接关系，拟定作图顺序。

根据图形大小确定绘图比例，选用合适的图纸大小，将图纸用胶带纸固定在图板的适当位置，贴图纸时应用丁字尺校正其位置。

3. 画好图框线、标题栏

根据制图标准的要求，把图框线和标题栏在规定的位置画好。

3.4.2 绘图的一般步骤

1. 绘制底稿

(1) 画底稿的铅笔一般用 H 或 2H，所有的绘制图线应轻而细，不可反复描绘，能看清就可以了。

(2) 依据所画图形的大小、多少及复杂程度选择适当的绘图比例，然后安排各个图形的位置，定好图形的中心线，图面布置要适中、匀称，以便获得良好的图面效果。

(3) 绘制图形的主要轮廓线，其次由大到小，由外到里，由整体到局部，画出图形的所有轮廓线。

(4) 画出尺寸线以及尺寸界线等。

(5) 最后检查修正底稿，改正错误，补全遗漏，擦去多余线条。

2. 加深底稿

(1) 加深粗实线的铅笔用 B 或 2B，加深细实线的铅笔用 H 或 B，加深圆弧时所用的铅芯，应比加深同类直线所用的铅芯软一号。

(2) 加深图线的步骤：同类型的图线一次性加深，先画细线，后画粗线；先画曲线，后画直线；先画图，后标注尺寸和注释；最后加深图框和标题栏。

(3) 加深过程中应减少丁字尺、三角板与图纸的摩擦，保持图面整洁。

第 4 章　组合体的投影

学习目标

1. 能够分析组合体的组合形式；
2. 能够掌握组合体的画法和尺寸标注；
3. 能够掌握组合体投影图的读图方法。

4.1　组合体投影的画法

4.1.1　组合体的分类

组合体是由平面立体和曲面立体（即基本几何体）组成的物体。组合体按其组合形式可分为叠加型、切割型、综合型等三种类型。

1. 叠加型组合体

由若干个基本几何体叠加而成的组合体，称为叠加型组合体。如图 4.1a 所示，该组合体可以看成是由两个长方体（四棱柱）和一个五棱柱叠加组成。

2. 切割型组合体

由基本几何体切割而成的组合体,称为切割型组合体。如图 4.1b 所示,该组合体可以看成是由一个四棱柱被一铅垂面和一斜平面共同切割后形成。

3. 综合型组合体

由叠加和切割两种方式综合形成的组合体,称为综合型组合体。如图 4.1c 所示,该组合体可以看成是先由底部"四棱柱"和其上的"两个四棱柱"两部分叠加,再在"两个四棱柱"上用水平面、正垂面、斜平面切割三次形成。

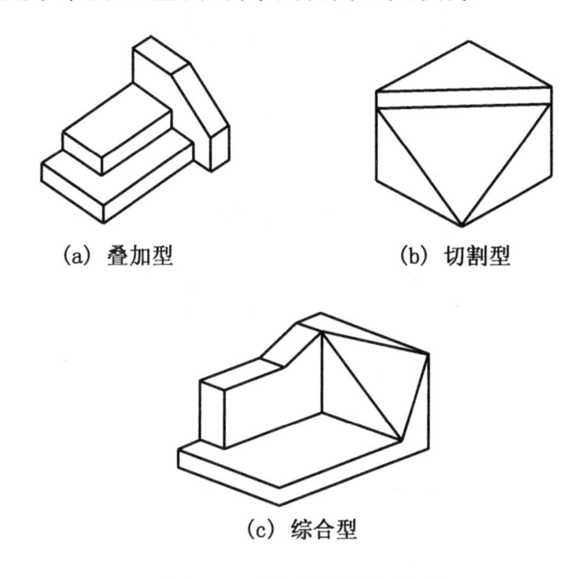

图 4.1　组合体的组合方式

4.1.2　组合体画图步骤

组合体画图是将具有三维空间的形体画成只具有二维平面的投影图过程。

组合体画图步骤应包括:形体分析、选择投影方向、选比例定图幅、画投影图和标注尺寸等五步。

1. 形体分析

为了正确而迅速地绘制图形、标注尺寸或读图,假想把组合体分解成若干个基本几何体,分析各基本几何体的形状特征、组合方式、相对位置和相邻表面连接关系,这种思考和分析问题的方法称为形体分析法。画组合体的投影图时，首先需要运用形体分析法进行形体分析。

(1) 分析组合体由哪些基本几何体组成

如图 4.2a 所示的组合体，可看成是叠加型组合体。经分析可知，其由两个平放着的五棱柱 1、2 和带缺口的四棱柱 3、三棱锥 4 等四个基本形体组成。

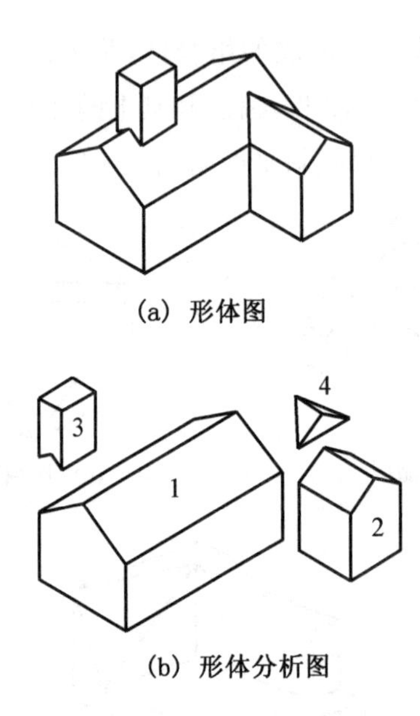

(a) 形体图

(b) 形体分析图

图 4.2 组合体的形体分析

(2) 分析各基本形体的相对位置关系

如图 4.2b 所示，四个基本形体间的相对位置关系为：形体 3 在形体 1 的上面，形体 2 在形体 1 的前面，形体 4 在形体 1 和 2 的相交处。

(3) 各基本几何体相邻表面连接关系及画法

基本几何体经过各种不同方式组合后，形成一个新的组合体，其表面会发生各种变化。各个基本几何体相邻表面连接关系可分为共面、相切和相交三种情况，对应投影图的画法也不尽相同，如图 4.3 所示。

① 两基本几何体表面共面时，中间没有分界线，不需要画线。

② 两基本几何体表面相切时，光滑过渡处不画线。

③ 除了共面和相切外，其余情况可认定为相交，应画出交线。

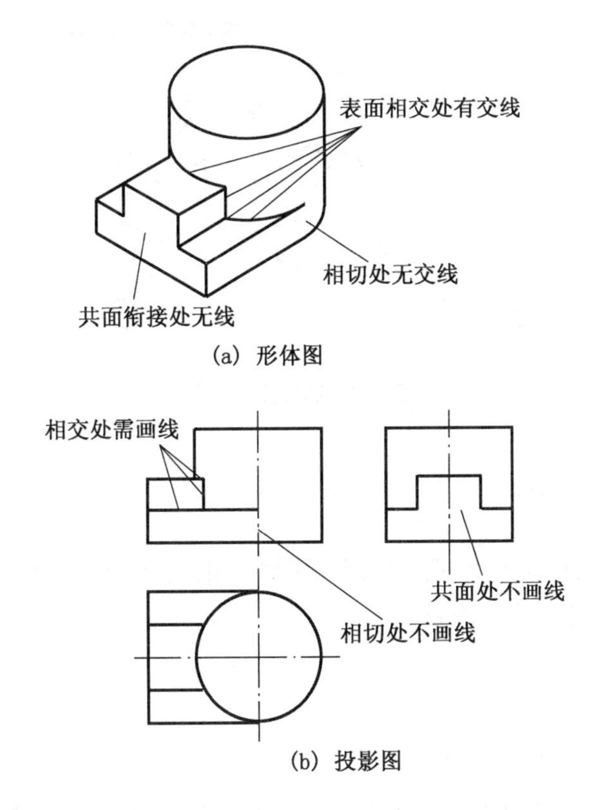

图 4.3　组合体表面连接关系及画法

2. 选择投影方向

选择投影方向应考虑以下三个原则：

① 组合体保持自然稳定的位置放置。

② 选择正立面投影图时，应能较多地反映出组合体的结构形状特征，即把反映组合体的各基本几何体和它们之间相对位置关系最多的方向作为正立面的投影方向。

③ 应使组合体上有较多表面平行或垂直于投影面，同时尽量减少各投影图中虚线的数量。

根据以上原则，如图 4.4 所示，按箭头所指的从前向后方向作为正立面图的投影方向，从左向右投影为左侧立面图，从上向下投影为水平面图，这样可较明显地反映出组合体各部分的形状和相对位置，同时能避免视图中产生虚线。

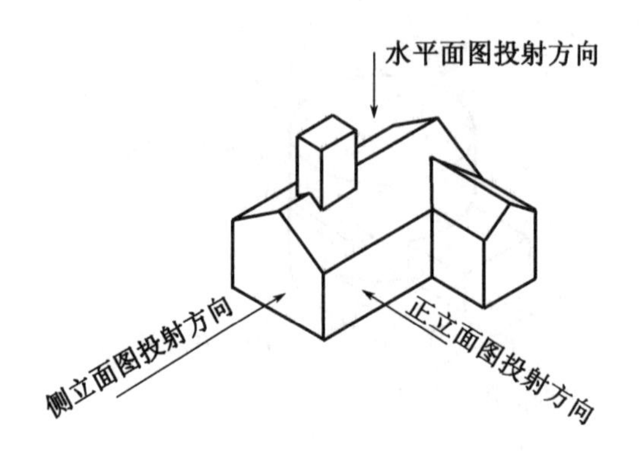

图 4.4 选择投影方向

3. 选比例、定图幅

根据组合体的形体大小，选择适当的比例作图。当比例选定以后，再根据投影图的数量和面积，选用适当的图幅。

4. 画三视图

(1) 图面布置(布图)

布图是指确定各视图在图纸上的位置。布图前先把图框和标题栏画出。各视图的位置要匀称，注意两视图之间要留出适当距离，用以标注尺寸。大致确定各视图的位置后，画出作图基准线，基准线一般以底面、重要端面、对称中心线以及轴线作为定位线。图面布置可参考图 4.5。

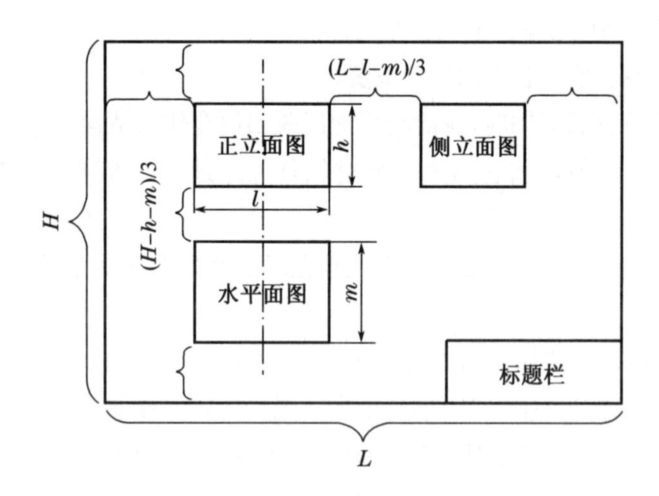

图 4.5 图面布置

(2) 画底稿

根据形体分析结果和投影规律,逐步画出组合体的三视图。画图时可采用先画一个基本几何体的三面投影后再画第二个基本几何体的方法。画底稿时需用较硬的 H 或 2H 铅笔轻画。画底稿的顺序是:

① 先画主要形体,后画次要形体;

② 先画外形轮廓,后画内部细节;

③ 先画可见部分,后画不可见部分。

对称中心线和轴线可用点画线直接画出,不可见部分的虚线也可直接画出。

(3) 检查修正、加深图线

底稿画完后,按照形体和投影规律进行逐项检查,不仅组合体的整体要符合“三等关系”,组合体的各基本几何体也应符合“三等关系”。若发现多线或漏线等问题,应及时纠正错误和补充遗漏。检查无误后,用 B 或 2B 铅笔加粗加深相关图线,完成画图。

5. 标注尺寸

三视图画好后,还需在投影图上标注组合体的尺寸,具体标注方法详见 4.2 组合体投影图的尺寸标注部分内容。

4.1.3　组合体作图举例

例题 4-1　如图 4.6a 所示,按基本几何体叠加方法作组合体的投影图。

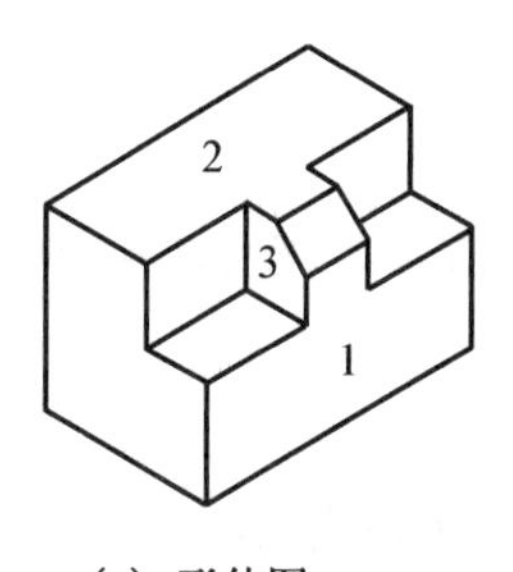

(a) 形体图

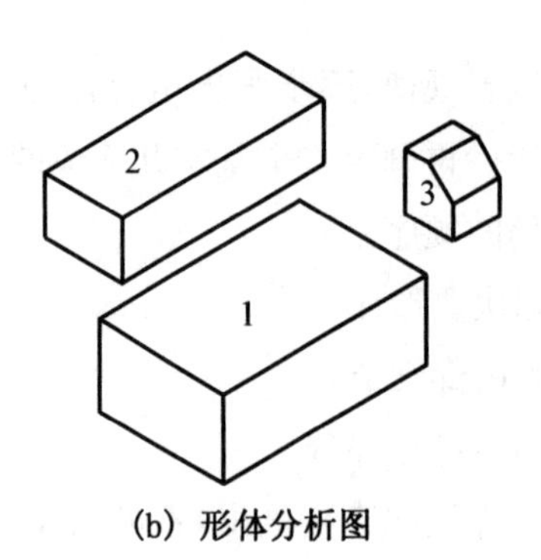

(b) 形体分析图

图 4.6 组合体的形体分析

解:作图过程如下:

1. 形体分析

本例题中组合体为叠加型组合体,可看成由两个四棱柱 1、2 和五棱柱 3 三个基本几何体叠加组成,如图 4.6b 所示。

2. 选择投影方向

根据投影方向的选择原则,本例题三面投影方向可选择如图 4.7 所示。

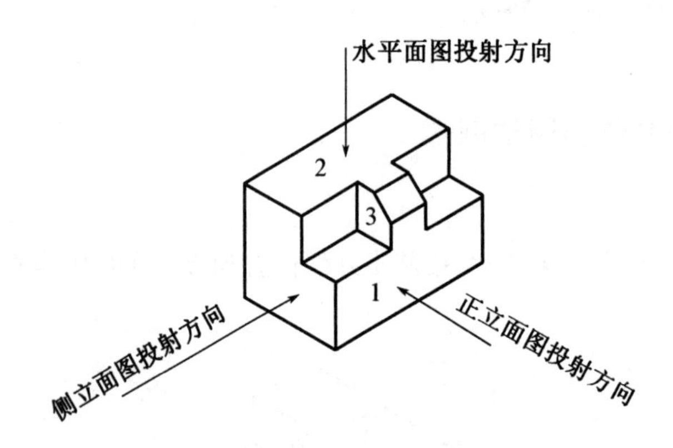

图 4.7 选择投影方向

3. 确定比例和图幅

本例题采用 1∶1 的比例,选用适当的图幅绘图。

4. 画投影图

(1) 图面布置

图面布置如图 4.8 所示。

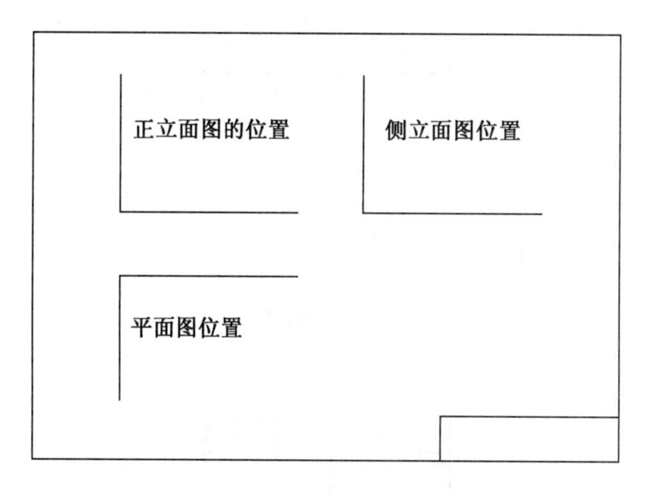

图 4.8　图面布置

（2）画底稿

叠加型组合体的三视图作图方法一般采用形体分析法，画图时可采用画完一个基本几何体的三面投影后再画下一个基本几何体投影的方法，依次叠加，但要正确保持各部分之间的位置关系。作图步骤如图 4.9a、b、c 所示。

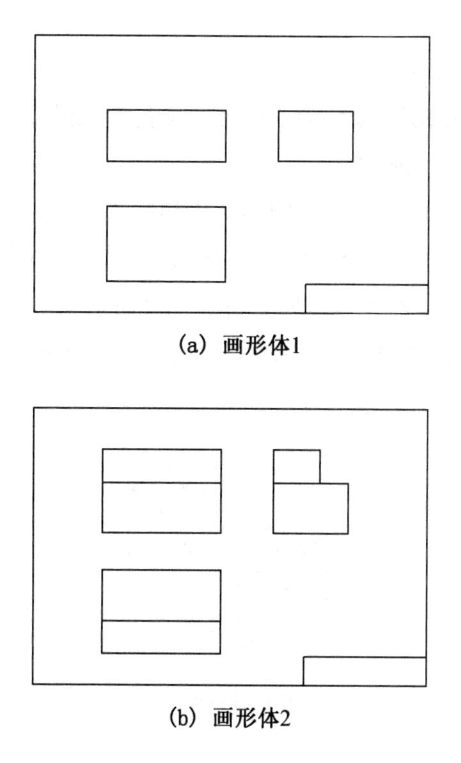

(a) 画形体1

(b) 画形体2

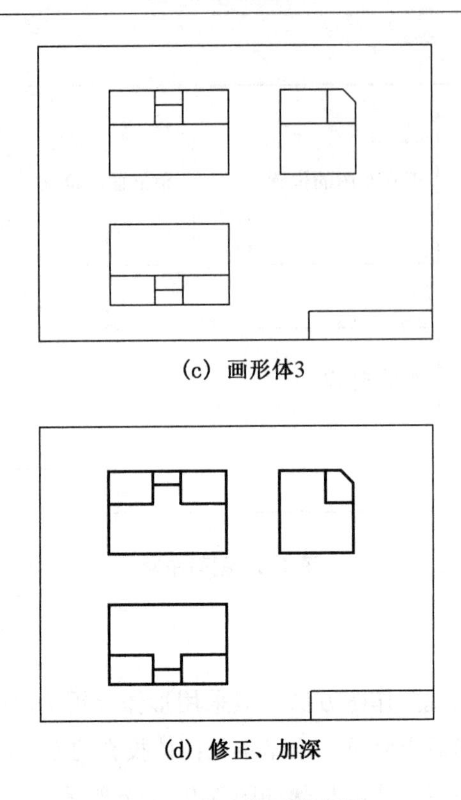

(c) 画形体3

(d) 修正、加深

图 4.9 组合体画法步骤

(3) 检查修正、加深图线

完成组合体的三视图底稿后，为了保证图样正确无误，还应进行三视图的检查和修正，确认无误后方可加深图线。

在检查本例题时发现，正立面图中形体 1 和形体 3 前面的矩形共面，内部交线应擦除。同理，平面图中形体 2 和形体 3 上面的矩形共面，左侧立面图中形体 1 和形体 2 左侧的矩形共面，内部交线均应擦除，如图 4.9d 所示。

例题 4-2 如图 4.10a 所示，按基本几何体切割方法作组合体的投影图。

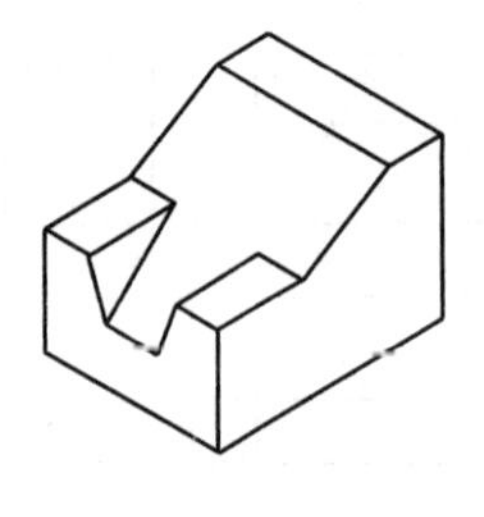

(a) 形体图

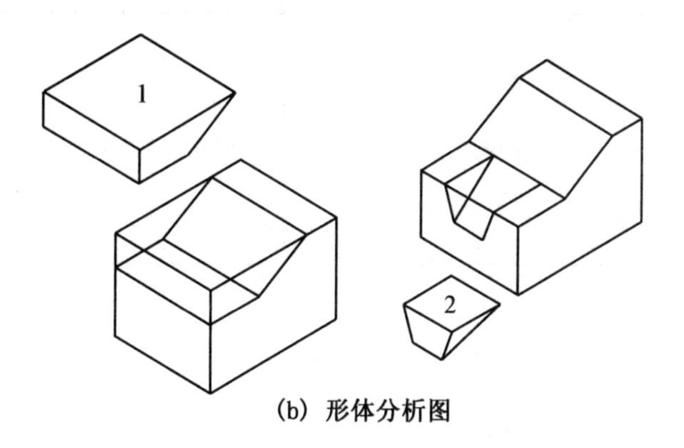

(b) 形体分析图

图 4.10 组合体的形体分析

解:作图过程如下:

1. 形体分析

本例题中组合体为切割型组合体,可看成是由长方体先切去四棱柱 1,再切去斜切四棱柱 2 后形成,如图 4.10b 所示。

2. 选择投影方向

根据投影方向的选择原则,本例题三面投影方向可选择如图 4.11 所示。

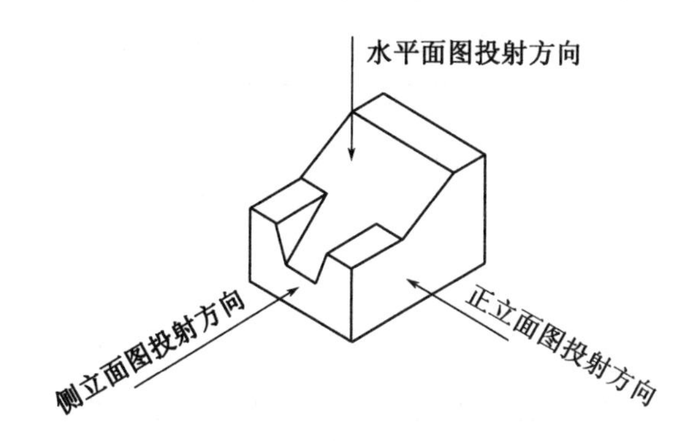

图 4.11 选择投影方向

3. 确定比例和图幅

本例题采用 1∶1 的比例,选用适当的图幅绘图。

4. 画投影图

(1) 图面布置

图面布置如图 4.12 所示。

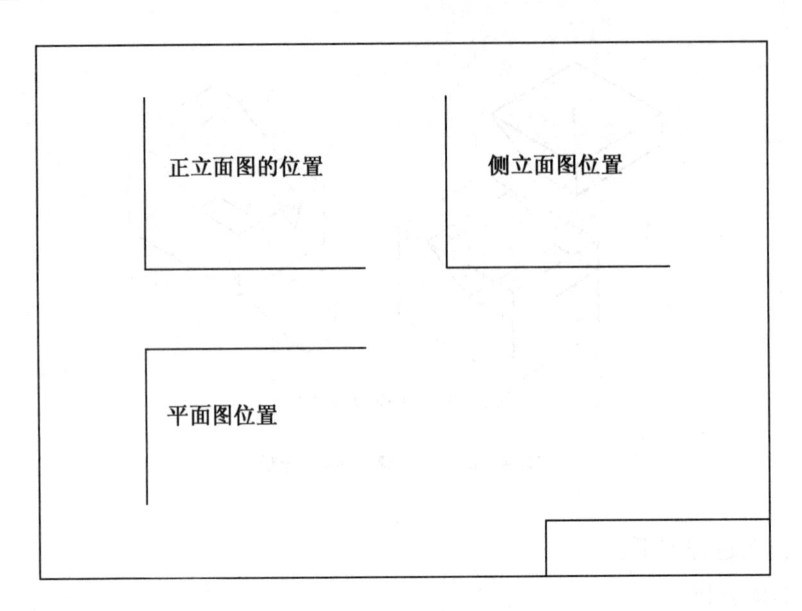

图 4.12 图面布置

(2) 画底稿

对切割型组合体,画图时首先应从整体出发,逐步切割,逐步画图,对切去部分应先画反映其形状特征的视图,再画其他视图。作图步骤如图 4.13a、b、c 所示。

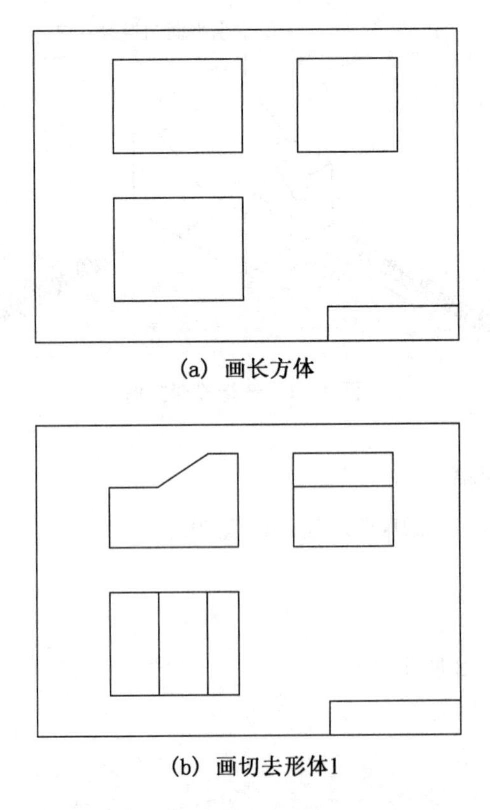

(a) 画长方体

(b) 画切去形体1

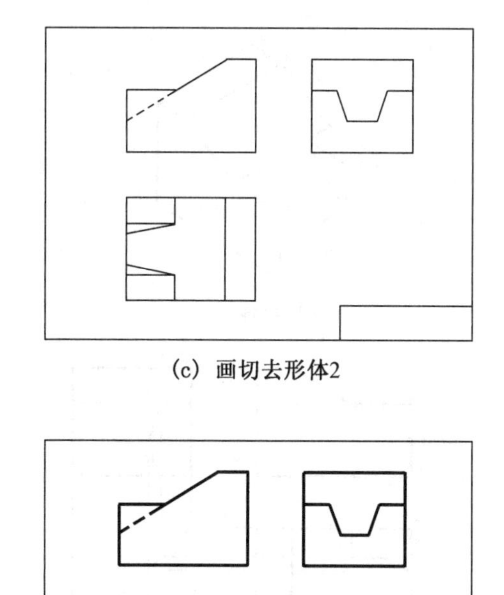

(c) 画切去形体2

(d) 修正、加深

图 4.13　组合体画法步骤

(3) 检查修正、加深图线

完成组合体的三视图底稿后，为了保证图样正确无误，还应进行三视图的检查和修正，确认无误后方可加深图线，如图 4.13d 所示。

切割型组合体宜采用形体分析法和线面分析法进行检查。线面分析法是在形体分析法的基础上，对局部比较难看懂的线和面，检查其三面投影是否符合线面投影特性和三等关系。如图 4.14 所示，本例题中交线 AB 的投影较为复杂，在完成其三面投影 ab、$a'b'$、$a''b''$后，经检查可知其三面投影符合三等关系，投影正确。同理，其他线面依此检查。

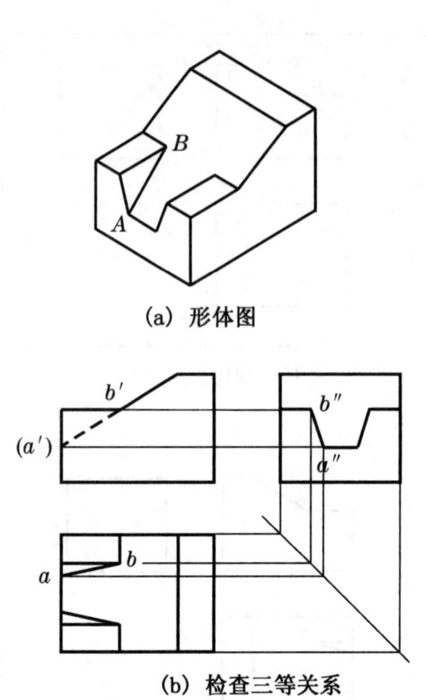

(a) 形体图

(b) 检查三等关系

图 4.14 线面分析

4.2　组合体投影图的尺寸标注

投影图只能表达组合体的形状，而其各形体的真实大小及其相互位置关系则要靠尺寸来确定。因此，在投影图完成后，还需标注组合体的尺寸。

4.2.1　基本几何体的尺寸标注

基本几何体一般都要标注出长、宽、高三个方向的尺寸，以确定基本几何体的大小。其中，球标注代号为“S”，如 Sø100 表示直径为 100 mm 的球，详见图 4.15。

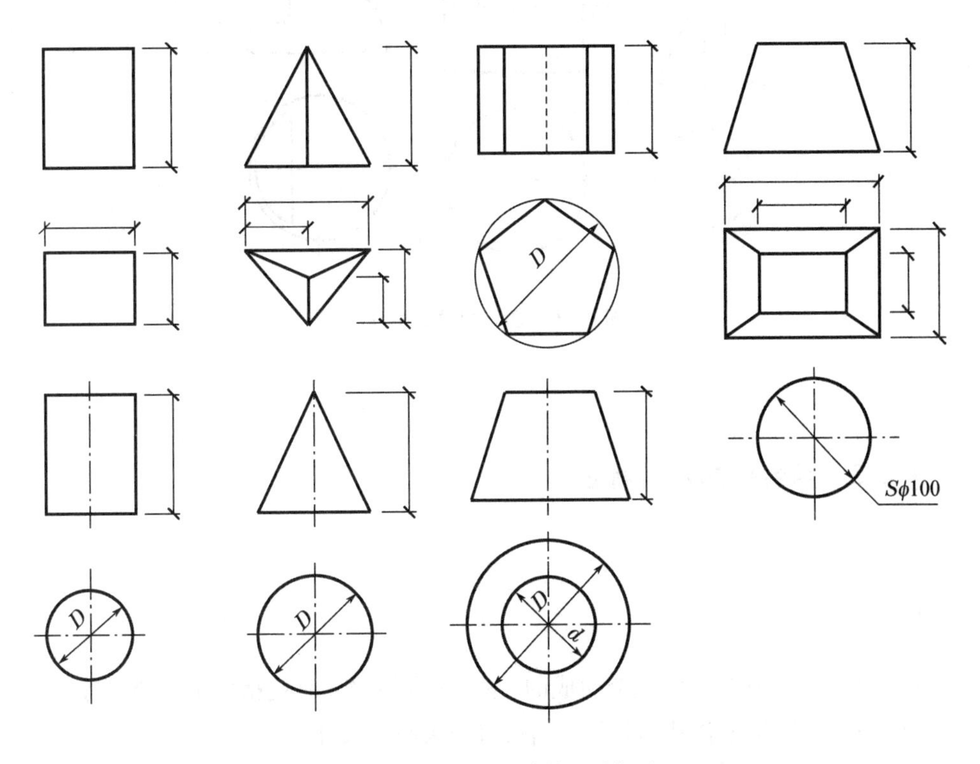

图 4.15　基本几何体的尺寸标注

4.2.2 切口形体的尺寸标注

带切口的基本几何体除了标注形体本身的长、宽、高三个方向的尺寸外，还应标注出切口的定位尺寸，而无须标注切口的大小尺寸，如图 4.16 所示。

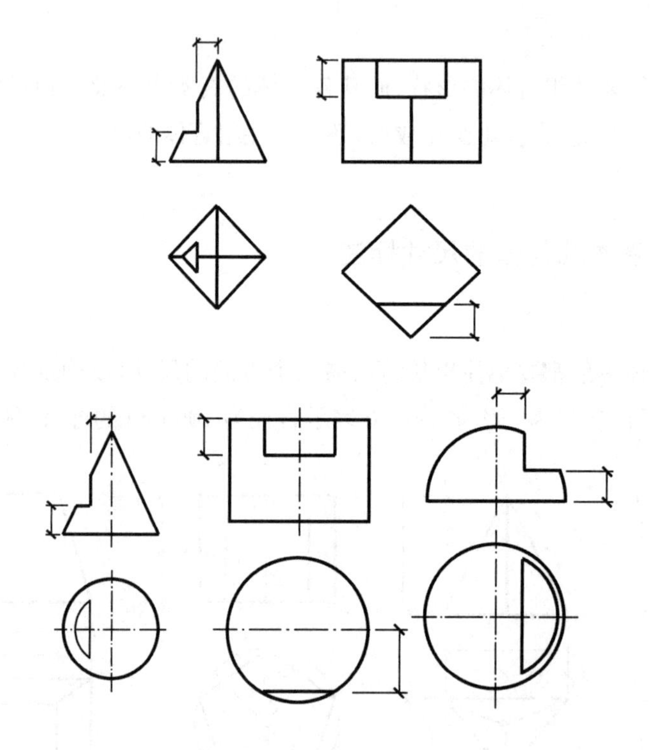

图 4.16 切口尺寸的标注

4.2.3 组合体的尺寸标注

1. 尺寸分类

组合体是由基本几何体组合而成的，标注组合体尺寸时包括以下三类尺寸。

① 定形尺寸：确定各基本几何体(各部位)大小的尺寸。

② 定位尺寸：确定各基本几何体(各部位)的相对位置关系的尺寸。

③ 总尺寸：确定组合体的总长、总宽和总高的尺寸。

由于组合体形状变化多样，有些尺寸既可以是定形尺寸，也可以是定位尺寸，或者是总尺寸。

2. 组合体尺寸标注的基本要求

尺寸标注应做到以下几点要求：

① 正确：尺寸注写要符合国家制图标准中有关尺寸标注的规定；

② 完整：尺寸标注必须齐全，不遗漏，不重复；

③ 清晰：尺寸的注写布局要整齐、清晰、便于看图；

④ 合理：在实际生产过程中，所注尺寸既要保证设计要求，又要适合施工、检验、装配等生产工艺要求。

3. 组合体尺寸标注的方法和步骤

组合体尺寸标注运用的方法是形体分析法，现以图 4.17 为例，说明组合体尺寸标注的方法和步骤。

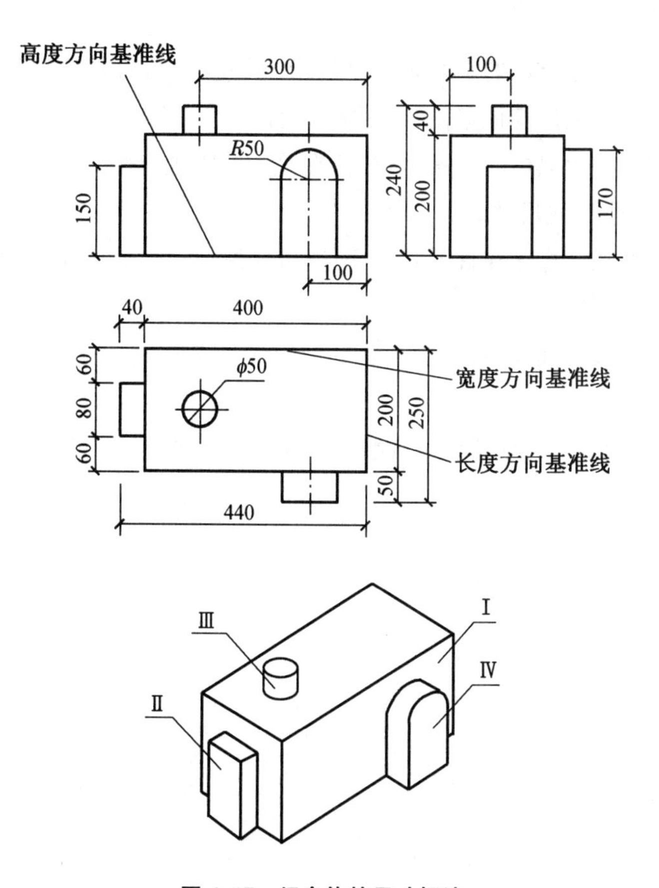

图 4.17　组合体的尺寸标注

(1) 按照形体分析法将组合体分解为若干基本几何体。该组合体可分解为两个四棱柱(Ⅰ、Ⅱ)、小圆柱体(Ⅲ)和带半圆形的拱门(Ⅳ)等四个基本几何体,初步考虑各基本几何体的定形尺寸;

(2) 选定长度、宽度、高度三个方向的尺寸基准,以便确定各基本几何体在各方向的相对位置。所谓尺寸基准是确定尺寸位置的几何元素,通常可选择组合体的底面、重要端面、对称面以及回转体的轴线等作为尺寸基准。该图长、宽、高方向尺寸基准选择如图 4.17 所示;

(3) 按顺序逐个标注基本几何体的定形尺寸和定位尺寸。如该图中,小圆柱体(Ⅲ)的定形尺寸有:直径 ϕ50、高 40;定位尺寸有:正立面图数值 300、左侧立面图数值 100。其他基本几何体以此类推;

(4) 标注组合体的总尺寸。该图中总尺寸有:总长 440、总宽 250 和总高 240;

(5) 最后检查全图尺寸是否符合尺寸标注的要求,如有不妥,需做出适当的调整或修改。

4. 尺寸标注注意事项

① 尺寸数字为组合体的真实大小,与绘图比例及绘图的准确度无关。尺寸数字默认单位为 mm,如采用其他单位时,必须注明该单位名称。

② 每个尺寸一般只标注一次,应标注在最能清晰地反映该结构特征的视图上,尽量避免在虚线上标注尺寸。

③ 应将多数尺寸标注在视图外,与两视图有关的尺寸,尽量布置在两视图之间,必要时可标注在视图之内。

④ 避免尺寸线与其他线相交,相互平行的尺寸应按“小尺寸在内,大尺寸在外”的原则布置。

⑤ 在各投影图中,必须注意尺寸数字的朝向以及尺寸起止符的标注方向。

4.3　组合体投影图的阅读

组合体投影图绘制是将具有三维空间的形体画成只具有二维平面投影图的过程(由物到图)。而组合体投影图的阅读则是把二维平面的投影图想象成三维空间的立体形状的过程(由图到物)。读图需要培养空间想象能力,掌握读图方法,通过多读多练,达到真正掌握阅读组合体投影图的能力,为今后阅读工程施工图打下良好基础。

4.3.1　读图的基本知识

① 投影的"三等关系"与相对位置

掌握三面投影规律,即"长对正""高平齐""宽相等"的关系,了解组合体长、宽、高三个方向和上、下、左、右、前、后6个方位在形体投影图上的对应位置。

② 形体分析方法和读图方法

熟练掌握基本几何体的投影特征及其读图方法,并能对组合体进行形体分析。

③ 各种位置直线、平面的投影特征

掌握各种位置的直线、平面、曲面以及截交线等投影特点,作图时能进行线面分析,帮助阅读组合体的投影图。

④ 投影图中图线的含义

投影中的每条图线可能是交线的投影,也有可能是平面或曲面的积聚性投影,还有可能是曲面立体的轮廓素线投影。其中,若有斜线则必有斜面;若有一般位置直线,则有一般位置平面;若有曲线则必有曲面。

⑤ 投影图中线框的含义

投影图中的每个线框,通常是物体上一个表面或通孔的投影。只有将几个视图联系起来对照分析,才能明确视图中线框的含义。

⑥ 尺寸标注

根据三等关系,在投影图中从相同的尺寸和相对应的位置,可以帮助理解图意,弄清各基本几何体的形状大小,以及在组合体中的相对位置。

4.3.2 读图的基本方法与步骤

1. 基本方法

在阅读组合体投影图时，主要运用的方法有形体分析法和线面分析法。其中，以形体分析法为主，线面分析法为辅。

(1) 形体分析法(着眼点是体)

从形体的概念出发，先大致了解组合体的形状，再将投影图按线框假想分解成几个部分，运用三视图的投影规律，逐个读出各部分的形状、相对位置及连接方式，最后综合起来想象出整体形状。

(2) 线面分析法(着眼点是体上的面或线)

根据线、面的投影特征，分析视图中图线和线框所代表的意义和相互位置关系，从而看懂视图，想象出形体形状的方法，称为线面分析法。在形体分析法的基础上，对局部比较难看懂的部分，可采用此法帮助读图。

2. 读图步骤

(1) 分析视图

从反映形体特征比较明显的投影图开始，一般为正立面图。初步划分线框，对物体有个大概的了解。

(2) 对应三面投影

利用“三等关系”，找出每一部分对应的三面投影，想象出他们的形状。

(3) 综合起来想整体

在看懂每部分形体的基础上，进一步分析它们之间的组合方式和相对位置关系，从而想象出整体的形状。

总的读图步骤可归纳为“四先四后”，即先粗看后细看，先用形体分析法后用线面分析法，先外部(实线)后内部(虚线)，先整体后局部。

4.3.3 组合体投影举例

例题 4-3 补全图 4.18a 所示三面投影图中的缺线。

解:从已知三面投影可大致看出，该组合体是房屋建筑中的一个台阶。台阶中间由三个阶梯组成，左右两边为挡板。三个阶梯可以看成三个长方体，两个挡板可以看成两个相同的长方体切掉一个相同的三棱柱而形成，如图 4.18b 所示。

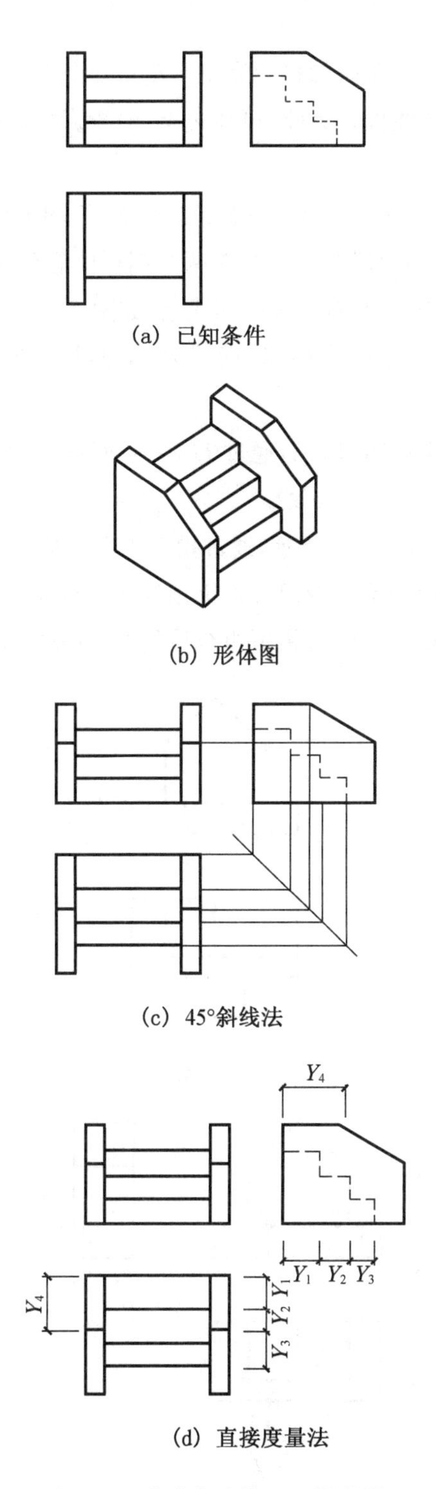

图 4.18　完成台阶的 H、V 面投影

作图步骤如下：

(1) 通过以上对形体分析后，可判断 W 面投影已完整，只需完成台阶的 H 和 V 面投影即可。

(2) 在 V 面投影中，三个阶梯投影完整。左右两个挡板 V 面投影应该可以看到两个面，而图中只有一个线框。为此，可通过 W 面投影(高平齐)补画左右挡板中间线条，如图 4.18c 所示。

(3) 在 H 面投影中，三个阶梯应该看到三个面，而图中只有一个线框，可通过 W 面投影(宽相等)补画中间两段线条。左右两个挡板能看到两个面，而图中只有一个线框，需通过 W 面投影补画左右挡板中间线条，如图 4.18c 所示。

值得注意的是，在补绘组合体 W 面或者 H 面投影时，宽相等的处理方法有两种：

① 45°斜线法，如图 4.18c 所示，通过 H 和 W 面投影中的某对应点分别作 OX、OY 轴平行线，过交点作右下斜 45°线。

② 直接度量法，如图 4.18d 所示，通过投影图中的某一对应点为准，分别量取对应尺寸 $y_1, y_2, \cdots$(作图时只需量取尺寸而无须标注)，从而达到宽相等的目的。

例题 4-4 如图 4.19a 所示，根据组合体的 V、H 面投影，补绘 W 面投影。

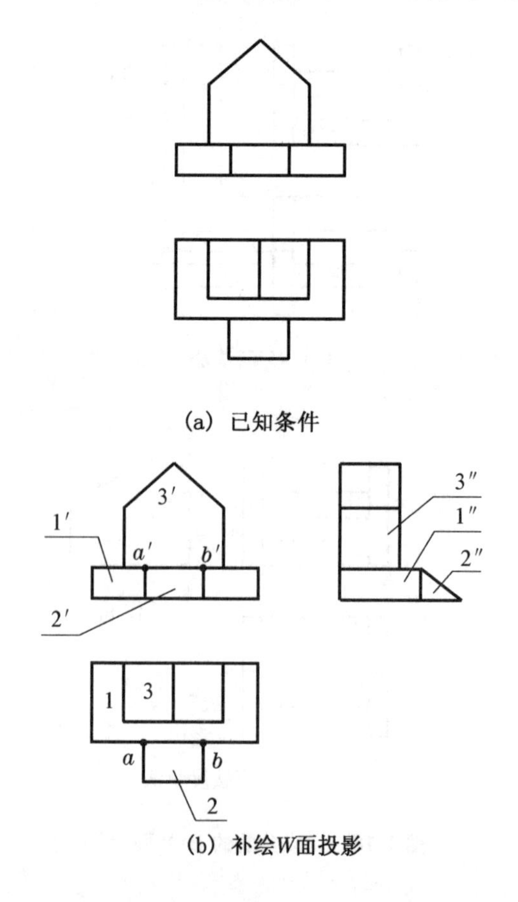

(a) 已知条件

(b) 补绘W面投影

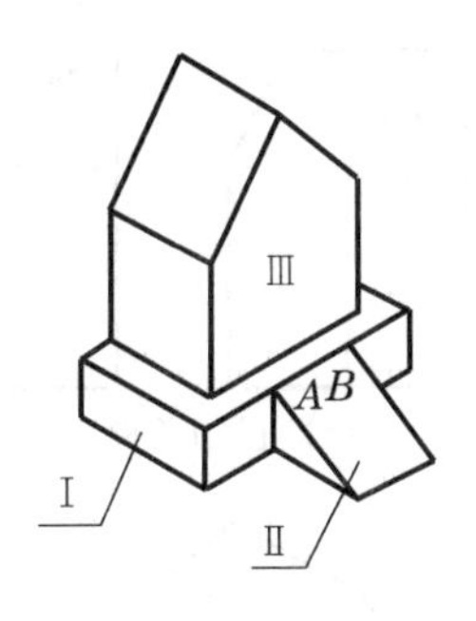

(c) 形体图

图 4.19　补绘叠加型组合体的 W 面投影

解:根据形体的两面投影、三等关系和方位关系分析,可知该组合体由长方体Ⅰ、三棱柱Ⅱ和五棱柱Ⅲ叠加组成,如图 4.19c 所示。

作图步骤如下,结果如图 4.19b 所示:

(1) 补长方体Ⅰ的 W 面投影,为一矩形线框;

(2) 补三棱柱Ⅱ的 W 面投影,为三角形线框;

(3) 补五棱柱Ⅲ的 W 面投影,为上下两个矩形线框。

注意:为什么把形体Ⅱ看成三棱柱而不看成长方体?

因为如图 4.19b 所示,H 面投影中有 ab 线段,说明形体Ⅰ与形体Ⅱ两者在此处不共面,产生了交线 AB(图 4.19c);若无 ab 线段,则说明形体Ⅱ在此处为长方体。

例题 4-5　根据图 4.20a 所示组合体的 V、W 面投影,补绘 H 面投影。

解:如图 4.20a 所示的两面投影,根据三等关系(高平齐)把相关的图线和线框对应起来分析,可大致想象出该形体的形状,它是一个长方体经过几次切割后形成的切割型组合体。

(1) 把它看成长方体。

(2) 利用侧垂面 P 切掉一个三棱柱,如图 4.21b 所示。

(3) 再用对称的正垂面(左侧为 Q)左右各切掉一个相同的三棱锥,如图 4.21c 所示。

(4) 根据 W 面投影的虚线位置对应 V 面投影的线框,可判断出形体中间被一个正平面和两个侧平面挖除一个四棱柱,如图 4.21d 所示。

作图步骤如下,结果如图 4.20e 所示:

(1) 在 H 面投影的位置补出长方体以及经过 P 面切割后在水平面形成的矩形线框。

(2) V 面投影中 q' 为斜直线,说明该面 Q 的空间位置为正垂面,在 W 面投影与

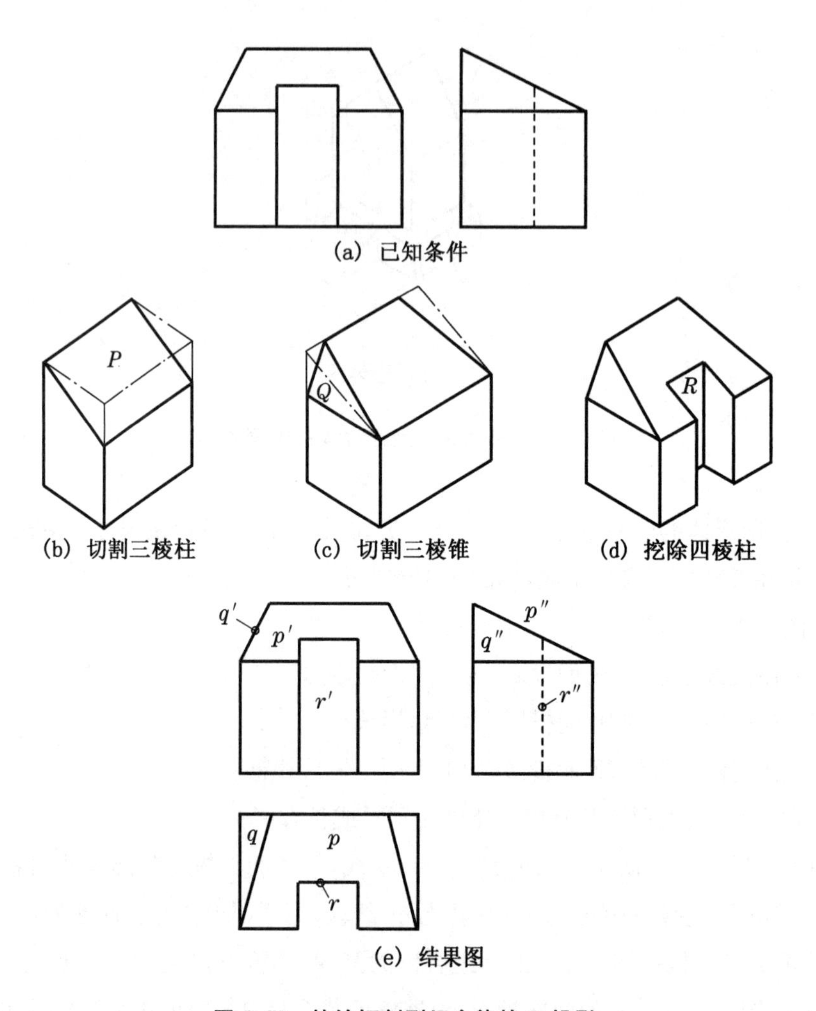

图 4.20　补绘切割型组合体的 *H* 投影

之对应的为三角形 q''，根据正垂面的投影特征，Q 在 H 面投影中为一个与 q'' 类似的三角形，运用三等关系可画出该三角形。右侧切割三棱锥的投影作法同理左侧 Q。

（3）由于被切割的 R 是一个斜切四棱柱，在水平面的投影为一矩形线框，其前后位置与 r'' 对应，左右位置与 r' 对应。

第 5 章　轴测投影

学习目标

1. 理解正等轴测图和斜二测图的概念；
2. 能够熟练绘制正等轴测图和斜二测图。

工程上广为采用的是多面正投影图，但由于其具有无立体感、直观性差等缺点，因此，常常还要画出形体的轴测投影图。轴测图是一种能够同时反映形体长、宽、高三个方向形状和尺度的立体图，具有立体感强、形象直观的优点，但其不能确切地表达形体原来的形状与大小，且作图较复杂，因而轴测图在工程上一般仅用作辅助图样。

5.1　正等轴测图

5.1.1　正等测图的概念

1. 正等测图的形成

如图 5.1 所示，当确定形体空间位置的 X、Y、Z 三个坐标轴与轴测投影面 P 的倾角均相等时，运用正投影法将该形体投射在投影面 P 上，所得的具有立体感的图形称为正等轴测投影图，简称正等测图。

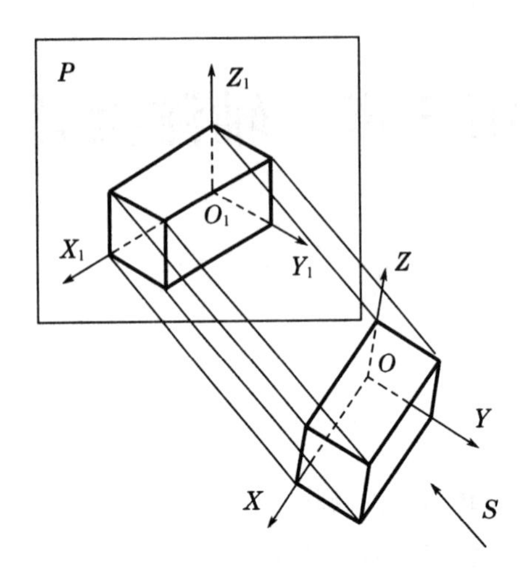

图 5.1　正等测图的形成

2. 轴间角与轴向伸缩系数

(1) 轴间角

空间形体的坐标轴 OX、OY 和 OZ 在轴测投影面 P 上的投影 O_1X_1、O_1Y_1 和 O_1Z_1 称为轴测投影轴，简称轴测轴，如图 5.2a 所示。

轴测轴之间的夹角称为轴间角。由于正等测图 3 个轴间角均相等，又因三个轴间角之和为 360°，因此，轴间角 $\angle X_1O_1Y_1=\angle X_1O_1Z_1=\angle Y_1O_1Z_1=120°$，如图 5.2a 所示。

作图时，通常将 O_1Z_1 轴画成铅垂线，使 O_1X_1、O_1Y_1 轴与水平线成 30°夹角，故可直接用 30°三角板作图，如图 5.2b 所示。

(2) 轴向伸缩系数

轴测轴上的单位长度与相应坐标轴上的单位长度的比值称为轴向伸缩系数。

OX 轴向伸缩系数 $p=O_1X_1/OX$；

OY 轴向伸缩系数 $q=O_1Y_1/OY$；

OZ 轴向伸缩系数 $r=O_1Z_1/OZ$。

由于 3 个坐标轴与轴测投影面的倾角均相等，所以它们的轴向伸缩系数也相同，经计算可知：$p=q=r=0.82$，如图 5.2a 所示。

为了简化作图，常将三个轴的轴向伸缩系数取值为 $p=q=r=1$，即凡平行于各坐标轴的尺寸都按原尺寸作图，这样画出来的正等测图比实际的图形放大了 $1/0.82\approx1.22$ 倍，如图 5.2b 所示。

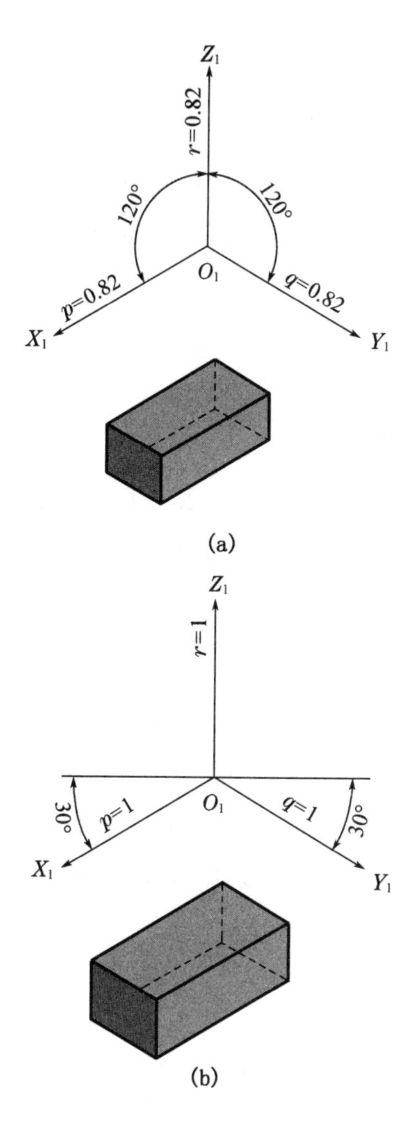

图 5.2　正等测投影的轴测轴、轴间角、轴向伸缩系数

5.1.2　正等测图的画法

画轴测图常用的方法有：坐标法、特征面法、切割法和叠加法等，若混合使用其中几种方法，则称之为综合法。其中坐标法是最基本的画法，其他几种方法都是根据物体的形体特点对坐标法的灵活运用。

画轴测图时需要注意：只有平行于轴测轴的线段才能直接量取尺寸作图；轴测图中一般不画不可见的轮廓线（虚线）。

1. 坐标法

坐标法是根据形体表面上各特征点的空间坐标，逐点画出它们的轴测投影，然后依次连接成形体表面的轮廓线，即得该形体的轴测图。

例题 5-1 如图 5.3 所示，根据三棱锥的三面投影图，画出它的正等测图。

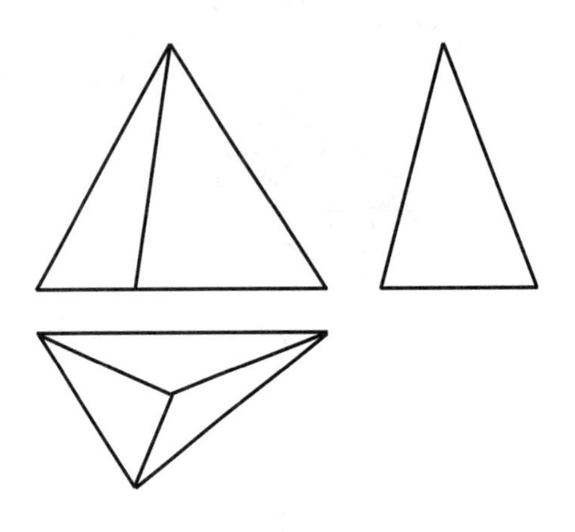

图 5.3 正投影图

解:根据已知三视图可知，三棱锥是由底面三点和锥顶一点构成，可利用坐标法定位出这 4 个控制点在轴测图中的位置，然后依次连接即可得到三棱锥的轴测图。

作图步骤如下：

(1) 在已知视图上建立直角坐标系(OX、OY、OZ 轴)，标定出三棱锥 4 个控制点 S、A、B、C 的投影点，其中 C 点设为原点(图 5.4a)。

(2) 画出正等轴测轴，依据 4 个控制点的坐标值(1∶1 量取尺寸)，在正等轴测轴中定位出各点的轴测投影(图 5.4b)。

(3) 连接各顶点，得线，得面，进而得体(图 5.4c)。

(4) 擦去多余作图线，描深，即完成三棱锥的正等测图(图 5.4d)。

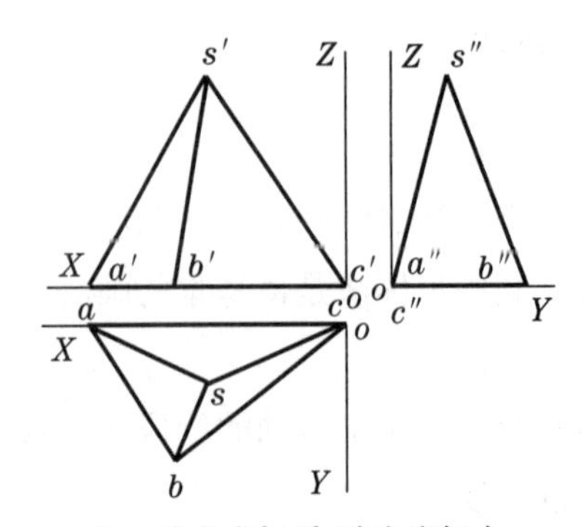

(a) 建立坐标系，确定坐标点

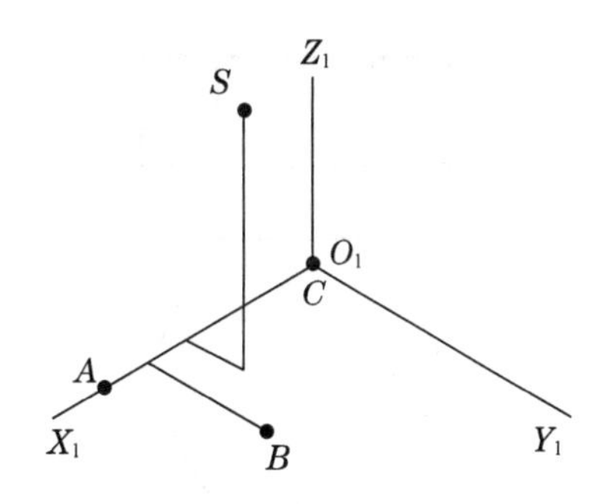

(b) 画轴测轴,定位控制点

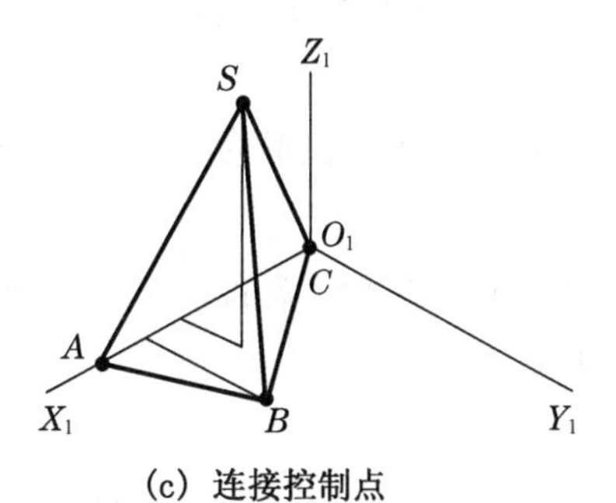

(c) 连接控制点

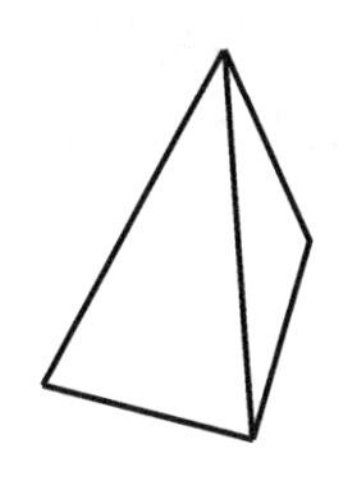

(d) 整理,加深

图 5.4　用坐标法作三棱锥的正等测图

2. 特征面法

特征面法适用于绘制柱类的轴测图。当形体的某一端面能够反映形体的形状特征时,可先画出该特征面的正等测图,然后再“扩展”成立体,这种方法称为特征面法。

例题 5-2　如图 5.5 所示,根据正六棱柱的两面投影,画出它的正等测图。

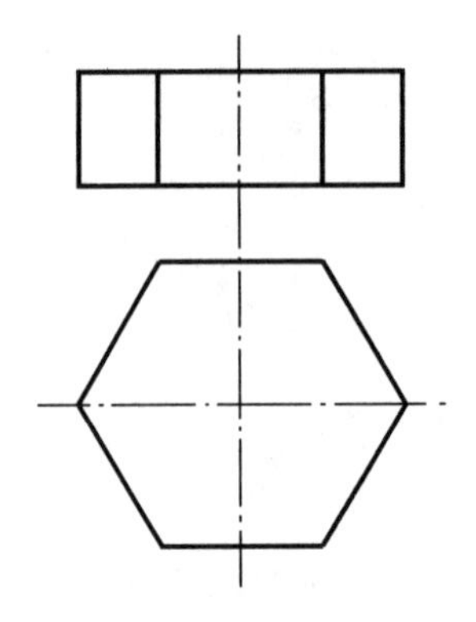

图 5.5 正投影图

解:正六棱柱是柱类形体,底面正六边形为特征面,可根据特征面法作轴测图。

作图步骤如下:

(1) 选择正六棱柱的底面中心为坐标系的原点,在两面投影上建立直角坐标系,标定出六棱柱底面 8 个控制点(图 5.6a)。

(2) 画出正等轴测轴(图 5.6b);

(3) 根据坐标,先定出底面 A、B、M、N 四个点,过 M、N 点作平行于轴测轴的直线,根据实际尺寸定出 C、D、E、F 四个点,将各点两两相连(图 5.6b)。

(4) 过底面各点,沿 O_1Z_1 方向向上作直线,分别在直线上截取棱高,得顶面各顶点,顺次连接(图 5.6c)。

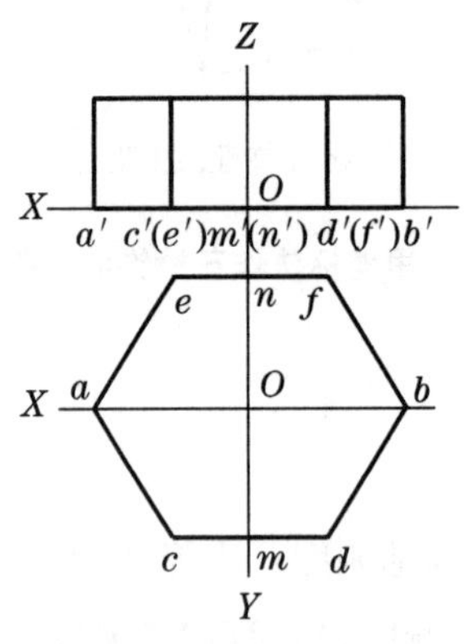

(a) 建立坐标系,确定坐标点

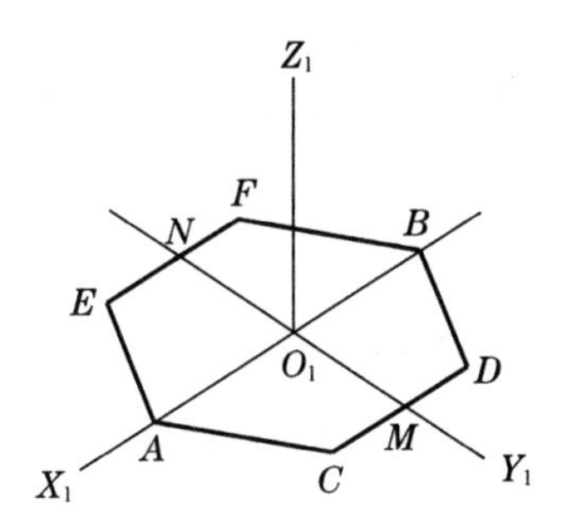

(b) 画轴测轴，定位特征面

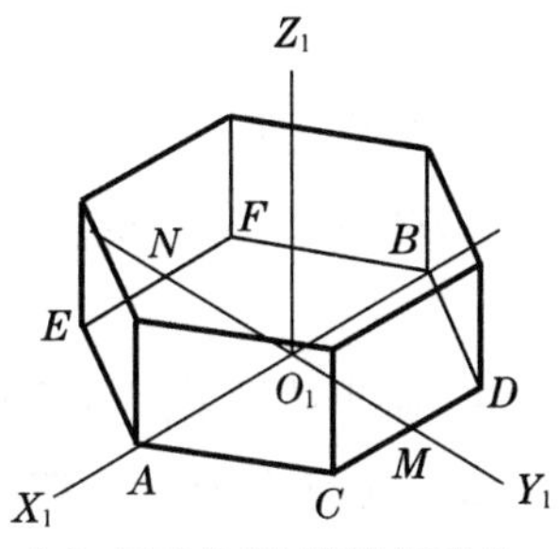

(c) 画出柱高，连接各顶点

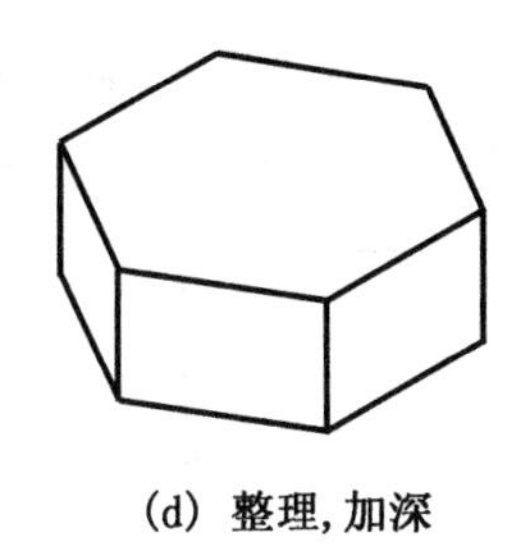

(d) 整理，加深

图 5.6　用特征面法作正六棱柱的正等测图

(5) 擦去多余作图线，描深，即完成正六棱柱的正等测图(图 5.6d)。

3. 切割法

由基本几何体切割而成的组合体，宜先画出原始基本几何体的轴测图，然后按其截切平面的位置，逐个切去被切部分，得到所需组合体的轴测图，这种方法称为切割法。

例题 5 - 3　如图 5.7 所示三视图，画其正等测图。

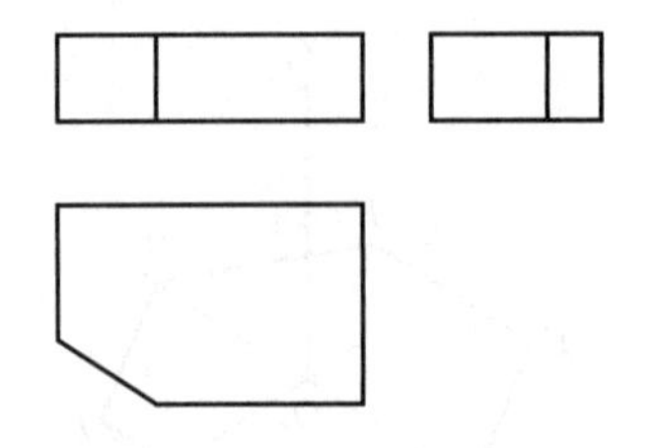

图 5.7 正投影图

解:该形体可看成是一长方体被铅垂面切去前左角后形成的五棱柱,可采用切割法作出正等测图。

作图步骤如下:

(1) 在已知视图上建立直角坐标系(图 5.8a)。

(2) 画出正等轴测轴,根据长方体长宽高的实际尺寸,画出原始基本几何体轴测图(图 5.8b)。

(3) 根据视图切口的定位尺寸,画出截切平面与长方体所形成的截断面(图 5.8c)。

(4) 擦去多余作图线,描深,即完成五棱柱的正等测图(图 5.8d)。

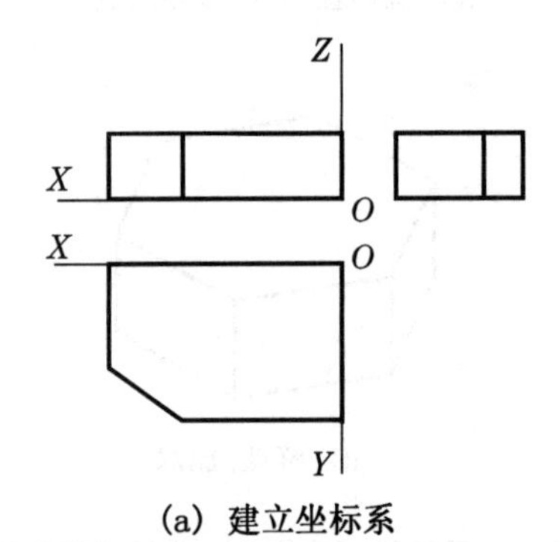

(a) 建立坐标系

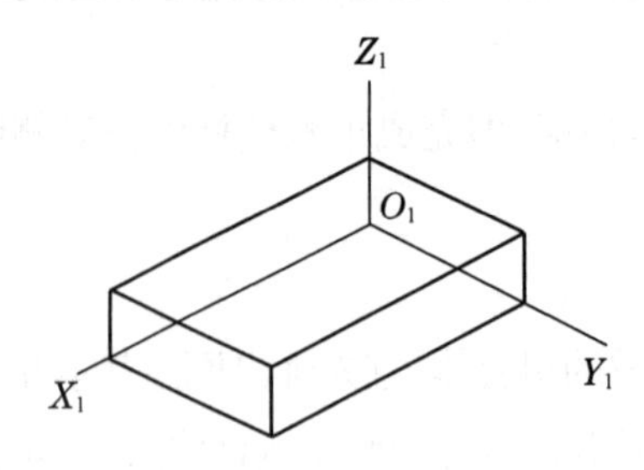

(b) 画轴测轴,画出长方体

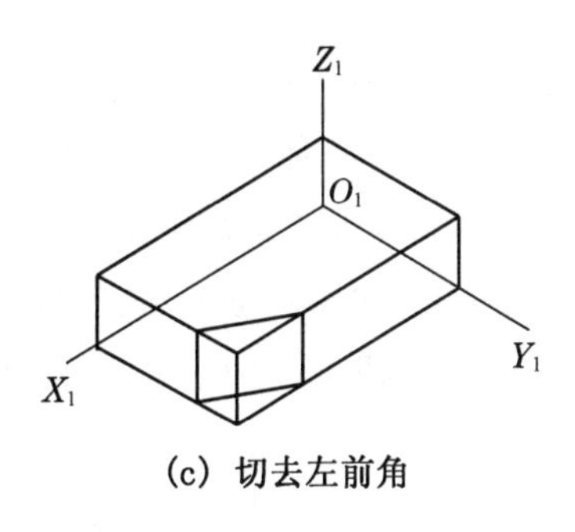

(c) 切去左前角

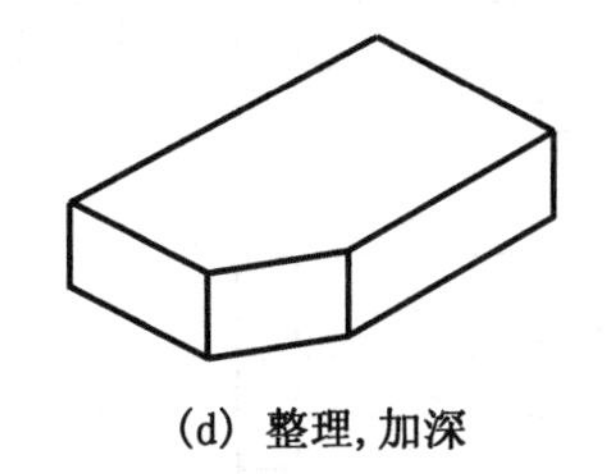

(d) 整理，加深

图 5.8　用切割法作五棱柱的正等测图

4. 叠加法

对于叠加型组合体，运用形体分析法将物体分成几个简单的形体，然后根据各形体之间的相对位置，依次画出各部分的轴测图，即可得到该组合体的轴测图，这种方法称为叠加法。

例题 5-4　如图 5.9 所示三视图，画其正等测图。

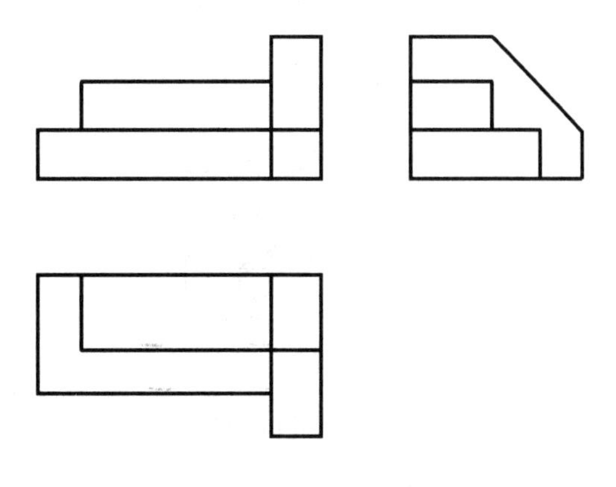

图 5.9　正投影图

解：如图 5.10a 所示，该组合体是由斜面体 1、长方体 2 和长方体 3 等三部分叠加组成的台阶，可采用叠加法作出正等测图。

作图步骤如下：

(1) 在已知视图上建立直角坐标系(图 5.10a)。

(2) 画出正等轴测轴,根据坐标法先画斜面体 1(图 5.10b)。

(3) 根据与斜面体 1 的相对位置,再画长方体 2(图 5.10c)。

(4) 根据与斜面体 1 和长方体 2 的相对位置,画出长方体 3(图 5.10d)。

(5) 擦去多余作图线,描深,即完成台阶的正等测图(图 5.10e)。

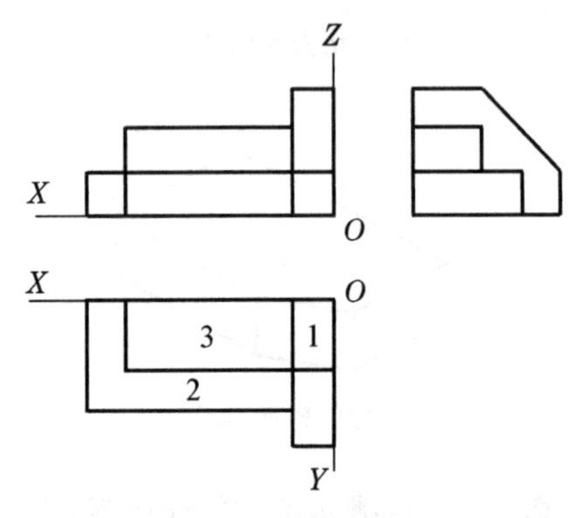

(a) 建立坐标系

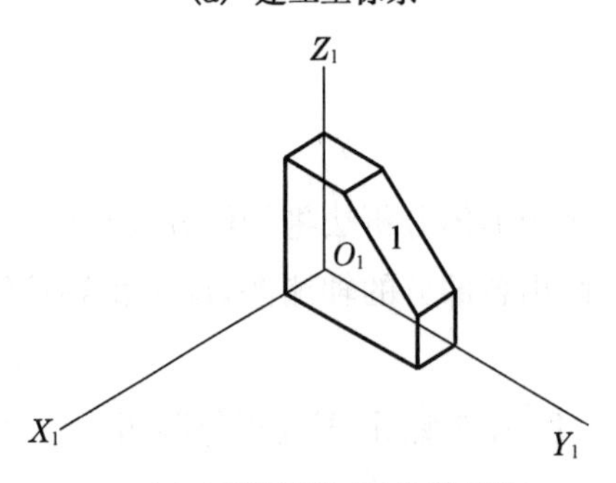

(b) 画轴测轴,画出斜面体1

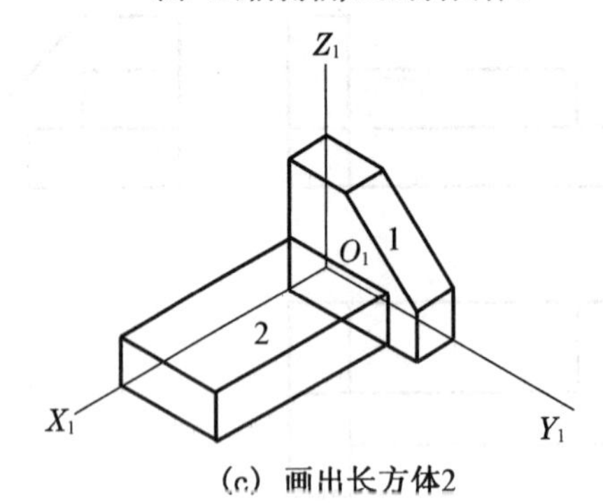

(c) 画出长方体2

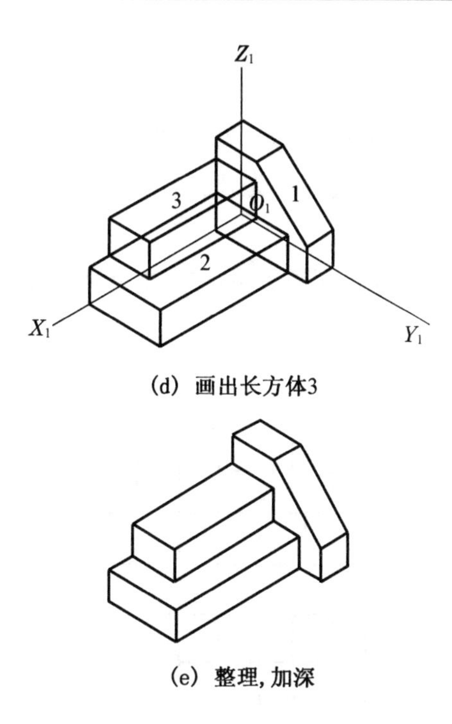

(d) 画出长方体3

(e) 整理,加深

图 5.10　用叠加法作台阶的正等测图

5. 综合法

对于较复杂的组合体,可以综合运用坐标法、特征面法、切割法和叠加法等多种方法绘制其轴测图。

例题 5-5　如图 5.11 所示三视图,画其正等测图。

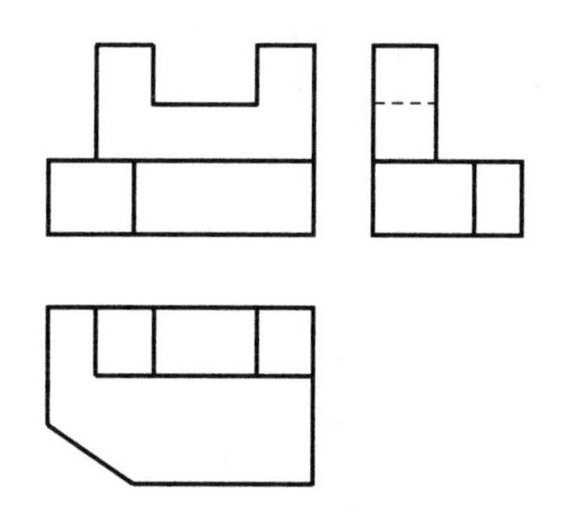

图 5.11　正投影图

解:如图 5.12 所示,该形体为综合型组合体,由上、下部形体叠加而成。下部为长方体切去左前角形成的五棱柱 1,上部为长方体中间上部挖去小四棱柱形成的八棱柱 2,故可采用综合法作出正等测图。

作图步骤如下：

(1) 在已知视图上建立直角坐标系(图 5.12a)。

(2) 画出正等轴测轴,运用坐标法先画出下部长方体,再根据定位尺寸切去左前角(图 5.12b)。

(3) 根据形体 2 与形体 1 的位置关系,先画出上部长方体,再根据定位尺寸切去中间四棱柱(图 5.12c)。

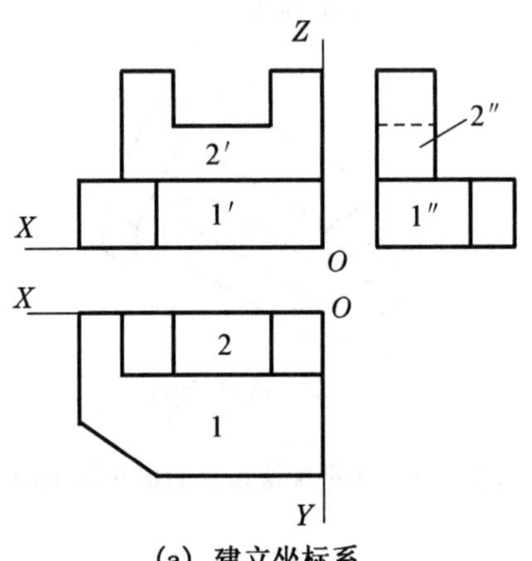

(a) 建立坐标系

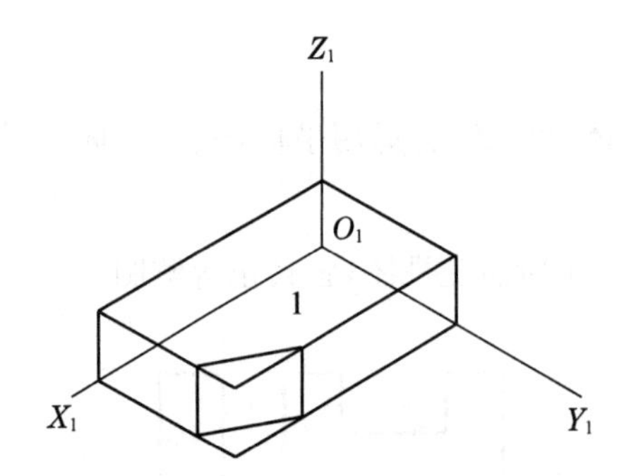

(b) 画轴测轴,画下部长方体、倒角

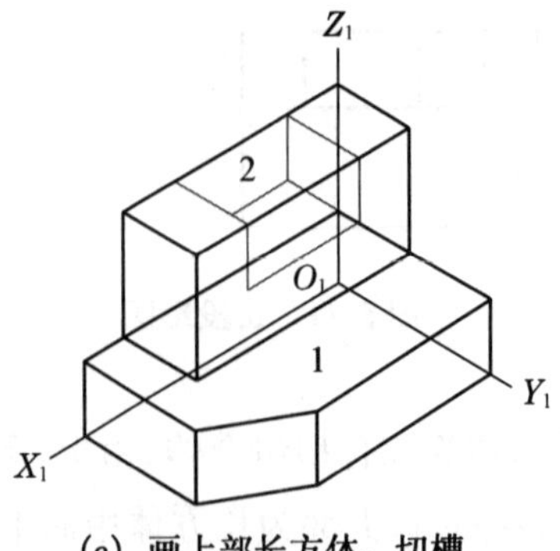

(c) 画上部长方体、切槽

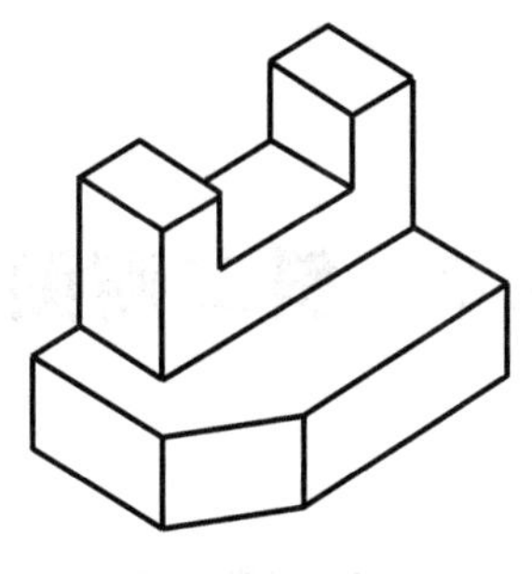

(d) 整理，加深

图 5.12　用综合法作组合体的正等测图

(4) 擦去多余作图线，描深，即完成该组合体的正等测图(图 5.12d)。

5.2 斜二测图

5.2.1 斜二测图的概念

1. 斜二测图的形成

如图 5.13 所示，当确定形体空间位置的 Z 轴铅垂放置，同时 XOZ 坐标面平行于轴测投影面 P(正立面)时，运用平行斜投影法将该形体投射在轴测投影面 P 上，所得具有立体感的图形称为正面斜轴测图。

因 XOZ 坐标面平行于轴测投影面，因而轴向伸缩系数 $p=r=1$；而 O_1Y_1 轴的方向和轴向伸缩系数 q 随着投影方向 S 的改变而变化，一般取 O_1Y_1 轴与水平线的夹角为 45°，同时 $q=0.5$ 时，形成正面斜二等轴测图，简称斜二测图。通过作图比较，画出的斜二测图较为美观，是常用的一种斜轴测投影。

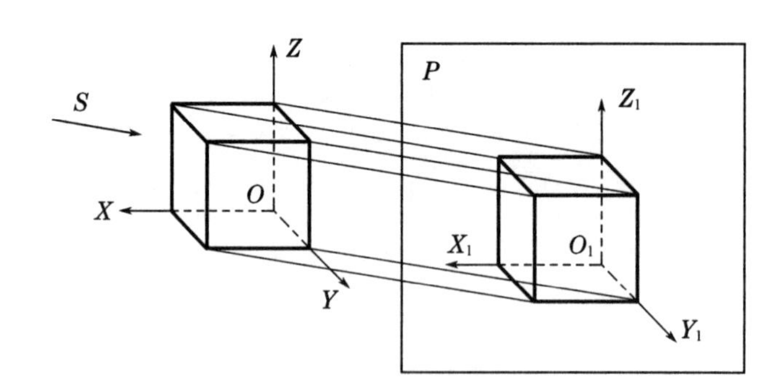

图 5.13 斜二测图的形成

2. 轴间角与轴向伸缩系数

由斜二测图的定义和形成过程可知(图 5.13)，坐标轴 OX 和 OZ 轴投影后形成

的轴测轴 O_1X_1 和 O_1Z_1 仍然为水平方向和铅垂方向，并且互相垂直。因此，轴间角 $\angle X_1O_1Z_1=90°$。O_1Y_1 轴的方向与水平线的夹角为 45°，同时根据投影方向的变化，O_1Y_1 轴可形成四种不同的方向，其形体表达形式也不相同(图 5.14)，O_1Y_1 轴的方向可根据表达的需要进行选择。

由于斜二测图的轴向伸缩系数 $p=r=1$，$q=0.5$，如图 5.14 所示，斜二测图的正面能够反映形体的实形。在绘制斜二测轴测投影图时，沿轴测轴 O_1X_1 和 O_1Z_1 方向的尺寸可按实际尺寸度量，沿轴测轴 O_1Y_1 方向的尺寸，则要缩短一半度量。

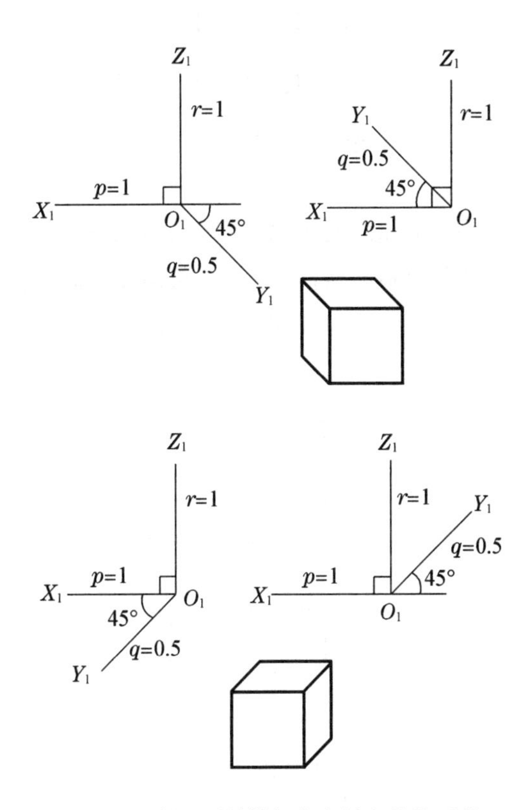

图 5.14 斜二测的轴间角和轴向伸缩系数

5.2.2 斜二测图的画法

斜二测图的优点是能反映形体正面的实形，故常被用来表达某一个方向形状较为复杂(圆或曲线等)的形体。若形体在两个及以上方向均有圆或圆弧时，宜采用正等测图。

画图时应使形体的特征面(形状较为复杂的面)与轴测投影面平行，然后利用特征面等方法，作出形体的斜二测图。斜二测图一般不画不可见的轮廓线（虚线）。

例题 5－6 如图 5.15 所示，根据两面投影图，画出台阶的斜二测图。

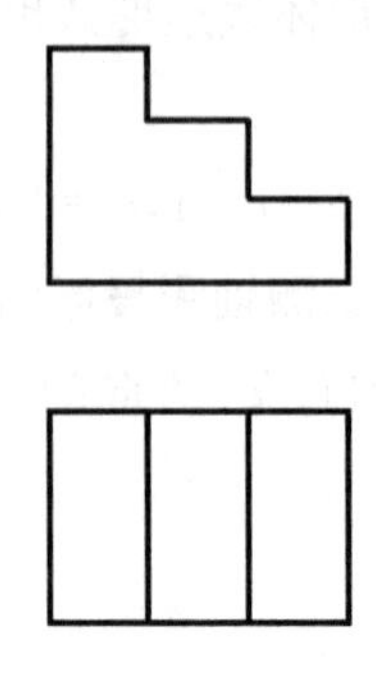

图 5.15 正投影图

解：台阶上平行于 XOZ 坐标面的平面，在斜二测轴测投影面 $X_1O_1Z_1$ 中反应实形，可采用特征面法，先按实形画出台阶的前面，再沿 Y_1 轴测轴方向向后加原宽的一半尺寸（$q=0.5$），最后画出后面的可见轮廓线，作图步骤如图 5.16b、c、d 所示。

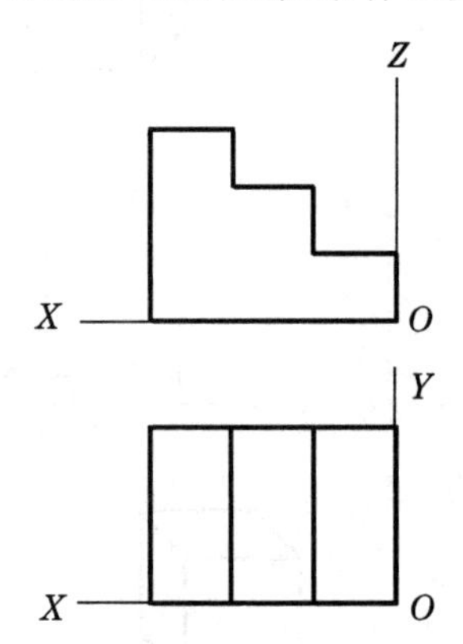

(a) 在正投影图上定出原点，和坐标轴的位置

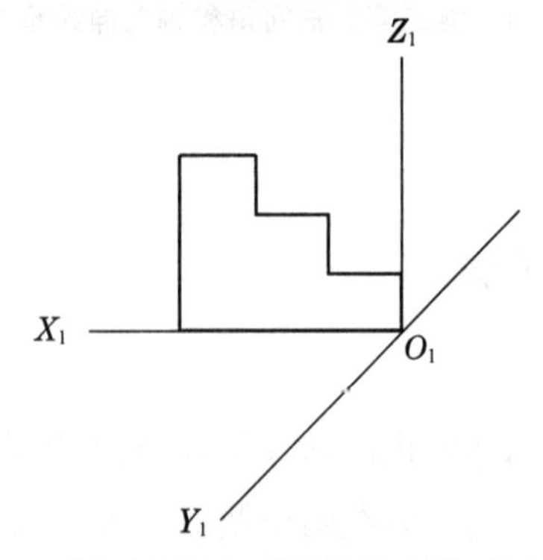

(b) 画出斜二测图的轴测轴，并在 $X_1O_1Z_1$ 坐标面上画出正面图

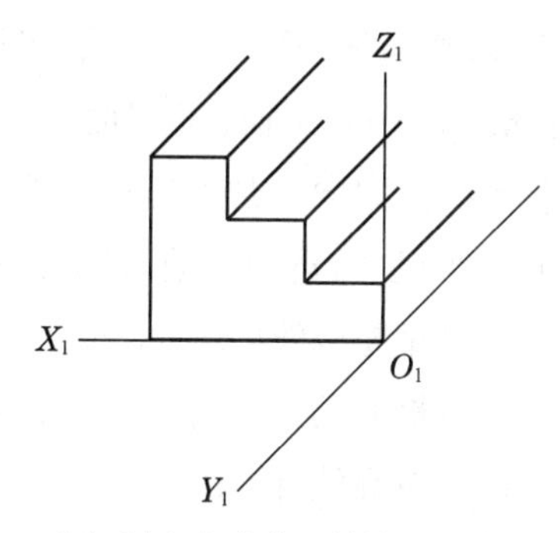

(c) 过各角点作Y_1轴的平行线，
长度等于原宽度的一半

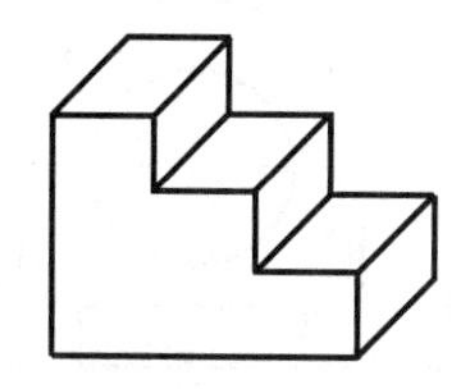

(d) 将平行线各角点连接起来，
描深图线即得其斜二测图

图 5.16　用特征面法画出台阶的斜二测图

例题 5-7　如图 5.17 所示，根据支架两面投影图，画出其斜二测图。

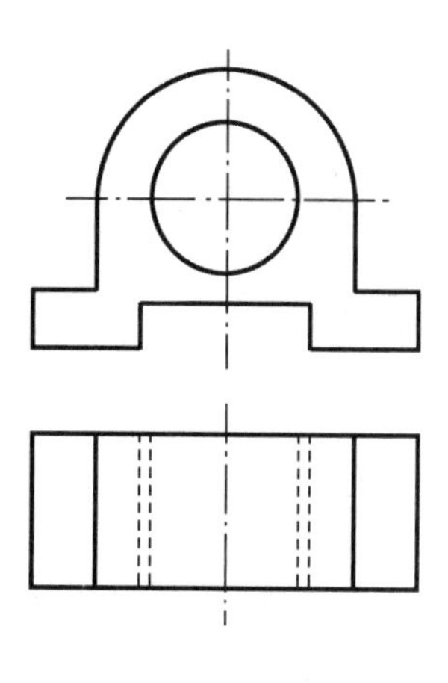

图 5.17　正投影图

解：该支架正面有孔且圆弧曲线较多，形状复杂。由于斜二测图能反映形体正面的实形且画圆方便，因此本例题画斜二测图较为方便，作图方法可采用特征面法。

作图步骤如下：

(1) 在已知视图上建立直角坐标系 OX、OY、OZ 轴(图 5.18a)。

(2) 画出斜二测图的轴测轴,在 $X_1O_1Z_1$ 轴测投影面上画出形体正面图(图 5.18b)。

(3) 过各角点沿 Y_1 轴平行线方向向后加原宽的一半尺寸。圆的作图则需先将圆心沿 Y_1 轴向后位移原宽的一半尺寸,再根据前端圆(或圆弧)的半径画图。最后,连接各角点(切点),画出后面的可见轮廓线(图 5.18c)。

此处需注意:中间圆孔是前后贯通的,后端圆只有部分可见;支架上部圆柱的外轮廓,应有一条与前后半圆公切的轮廓线(图 5.18c)。

(4) 擦去多余作图线,描深,即完成支架的斜二测图(图 5.18d)。

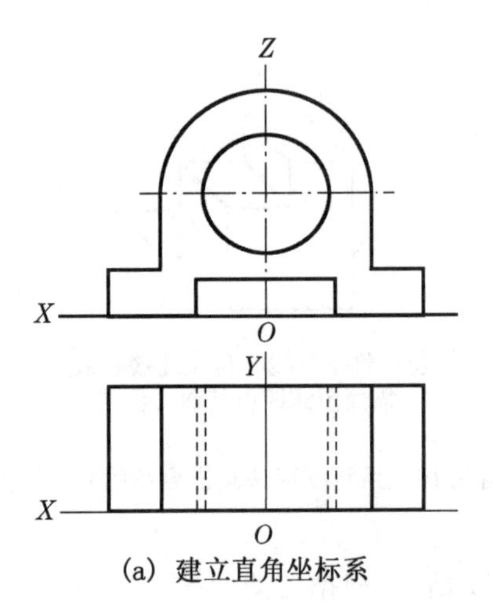

(a) 建立直角坐标系

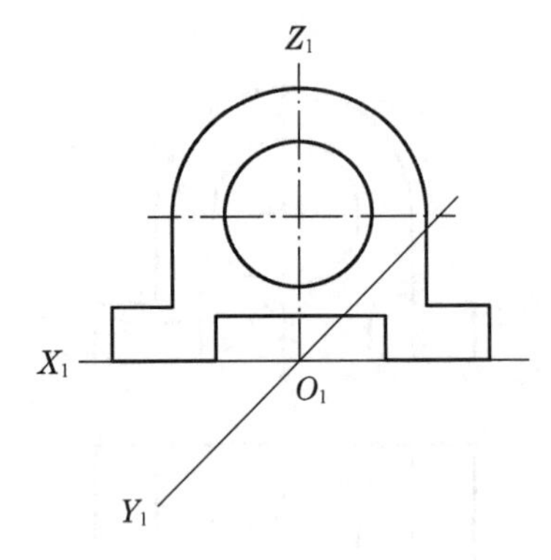

(b) 画轴测轴,画出正面图

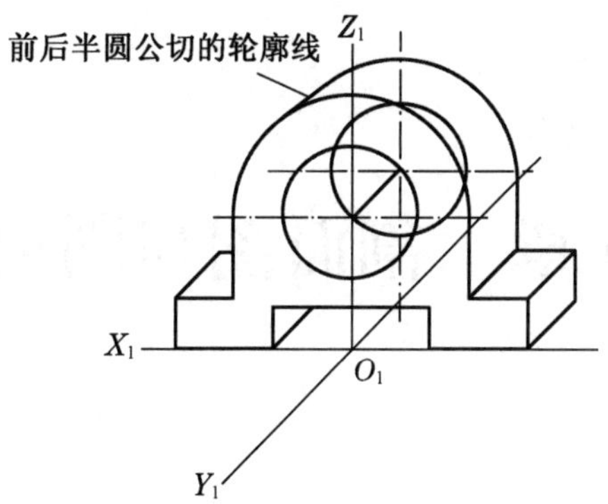

(c) 画出形体厚度和后立面可见轮廓线

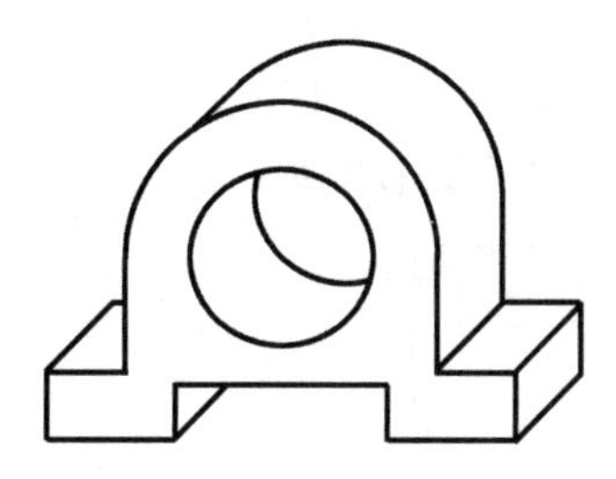

(d) 整理,加深

图5.18　用特征面法画出支架的斜二测图

第 6 章　剖面图与断面图

学习目标

1. 能够理解剖面图、断面图的基本概念；
2. 能够掌握剖面图、断面图的画法。

6.1　剖面图

6.1.1　剖面图的形成

为了清楚地表达物体的内部结构形状，假想用剖切面剖开物体，将处在观察者和剖切面之间的部分移去，而将剩余部分向投影面投影，并在剖切到的实体部分画上相应的材料图例，这样所得的图形称为剖面图。

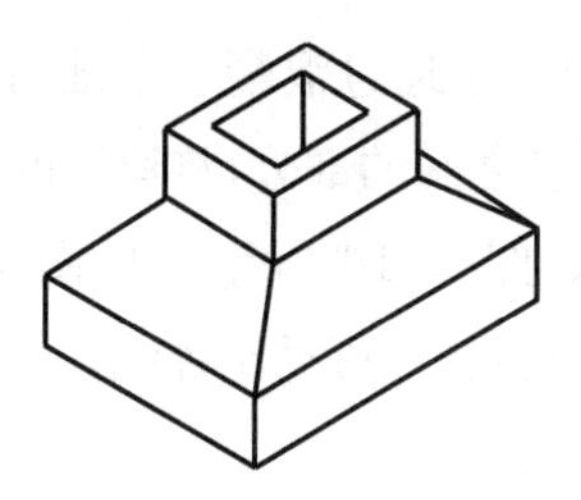

(a) 形体图

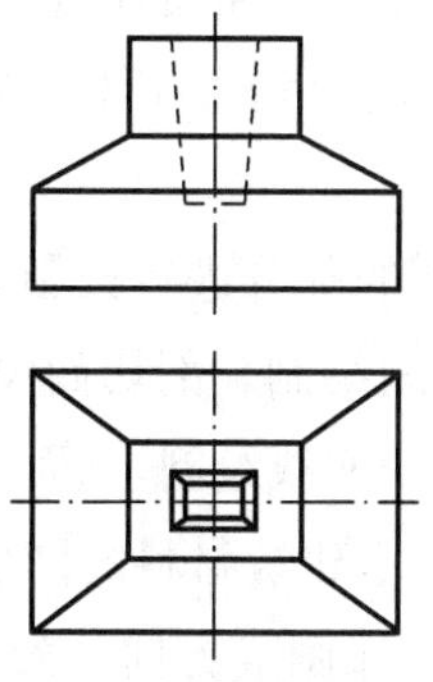

(b) 基本视图

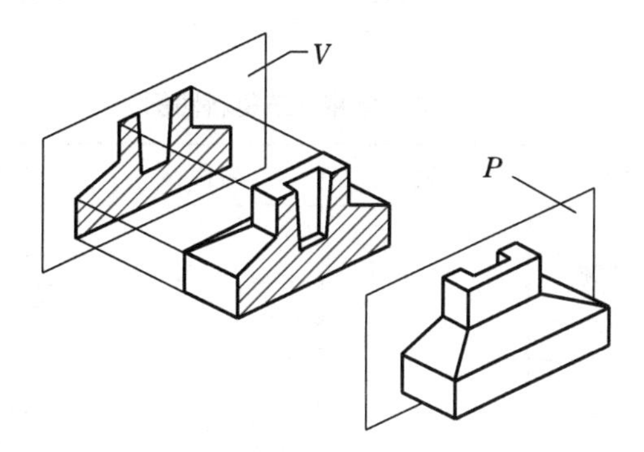

(c) 剖面图的形成

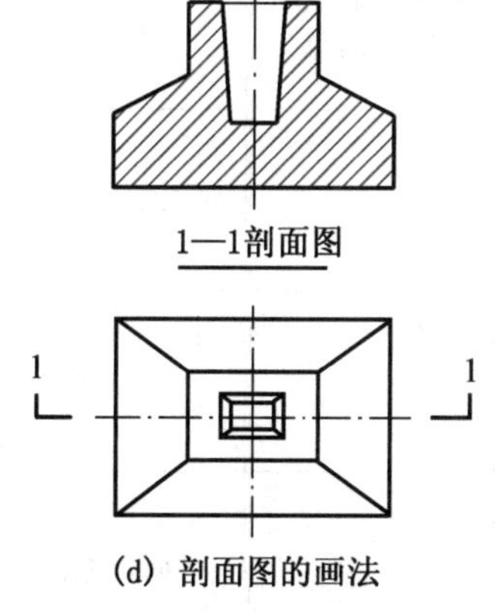

(d) 剖面图的画法

图 6.1　视图与剖面图对比

如图 6.1a、c 所示，假想用一个通过混凝土基础前后对称面的正平面 P，将基础切开，移走剖切平面 P 和观察者之间的部分，将留下的后半个基础向 V 面作投影，所得投影即为基础的剖面图，如图 6.1d 所示。从图中可看出原来不可见的虚线(图 6.1b)，在剖面图上已变成实线，为可见轮廓线。

作剖面图时应注意以下几点：

① 剖切是假想的，目的是为了清楚地表达形体的内部结构形状，并不是真正地将形体切开而移去一部分。因此除了剖面图外，其他视图仍应完整画出。

② 剖切平面一般应平行于基本投影面，且尽量通过形体的孔、洞、槽等对称中心线。

③ 剖面图是“剖切”后将剩下的部分进行投影。因此，在画剖面图时，剖切面与物体接触部分的区域轮廓用粗实线绘制。剖切面没有切到，但沿投射方向仍可看见的物体其他部分投影的轮廓线用中实线绘制，剖面图中一般不画虚线。

④ 剖切到的区域内应画上表示建筑材料的图例，如表 6-1 所示。在未指明材料类别时，剖面图中的材料图例一律画成方向一致、间隔均匀(一般为 2～6 mm)的 45°细实线，称为剖面线。当有轮廓线为 45°时，可将剖面线画成 30°或 60°表示。

表 6-1 常用建筑材料图例

名称	图例	备注	名称	图例	备注
自然土壤			混凝土		断面较小，不易画出图例线时，可涂黑
夯实土壤			钢筋混凝土		
砂、灰土		靠近轮廓线绘较密的点	木材		上为横断面，下为纵断面
砂砾石、碎砖三合土			泡沫塑料材料		
石 材			金 属		图形小时可涂黑
毛 石			玻 璃		

（续表）

名称	图例	备注	名称	图例	备注
普通砖		断面较小、可涂红	防水材料		比例大时采用上面图利
饰面砖			粉　刷		本图例采用较稀的点

注：图例中的斜线均为 45°。

6.1.2　剖面图的标注

1. 剖切符号

剖切符号应由剖切位置线和投射方向线组成。

(1) 剖切位置线

用剖切平面的积聚投影表示剖切位置，称为剖切位置线，简称剖切线。在投影图中用断开的一对粗实线表示，长度为 6～10 mm，如图 6.2 所示。画图时，剖切线不应与图线相交。

(2) 投影方向线

形体剖切后剩余部分的投影方向用垂直于剖切位置线的粗实线(或箭头)表示，长度为 4～6 mm，如图 6.2 所示。

2. 剖切符号编号

剖切符号的编号宜采用阿拉伯数字或英文字母从小到大连续编写。在图上按从左到右，由上到下的顺序编排，编号注写在投影方向线的端部。需要转折的剖切位置线，应在转角的外侧加注与该符号相同的编号，编号数字一律水平书写。

3. 剖面图名称注写

在剖面图下方标注剖面图名称，以对应的剖切符号编号作为剖面图的图名，并在图名下方画一条等长的粗实线，如“1—1 剖面图”。

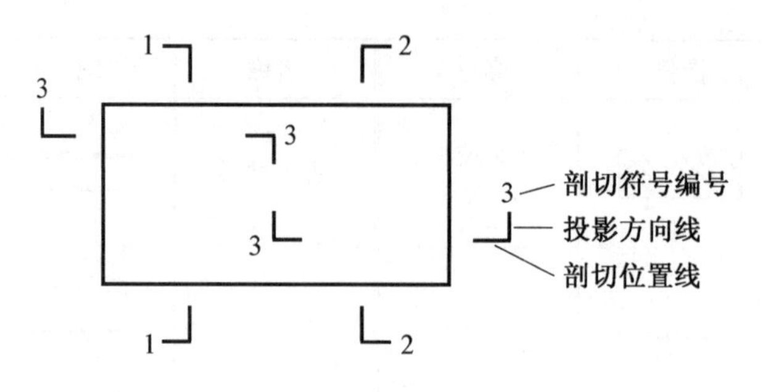

图 6.2 剖面图的标注

6.1.3 剖面图的种类与画法

剖面图按剖切目的和剖切面的不同可分为全剖面图、半剖面图、局部剖面图、阶梯剖面图、旋转剖面图、展开剖面图等。

1. 全剖面图

(1) 形成

假想用一个平面将形体全部剖开后所得到的剖面图,如图 6.1d 所示。

(2) 适用范围

不对称或者虽然对称但外形简单、内部比较复杂的形体。

(3) 注意事项

全剖面图一般要标注剖切位置线,只有当剖切平面与形体的对称平面重合,且全剖面图又置于基本投影图位置时,可以省略标注。

2. 半剖面图

(1) 形成

当形体具有对称平面时,且外形又比较复杂时,以对称中心线为界,将其投影的一半画成表示形体外部形状的正投影,另一半画成表示内部结构的剖面图,这种一半画投影图,另一半画剖面图的图形称为半剖面图,如图 6.3 所示。

(2) 适用范围

内、外形都需要表达的对称形体。

(3) 注意事项

① 半个投影图和半个剖面图必须以点画线分界,切不可画成实线。但如轮廓线

与图形对称线重合时，则应避免使用半剖面图。

② 半个剖面图习惯画于分界线的右侧与下方。

③ 在半个剖面图中，内部结构已经表达清楚时，对称分布在半个投影图中的虚线可省略不画。

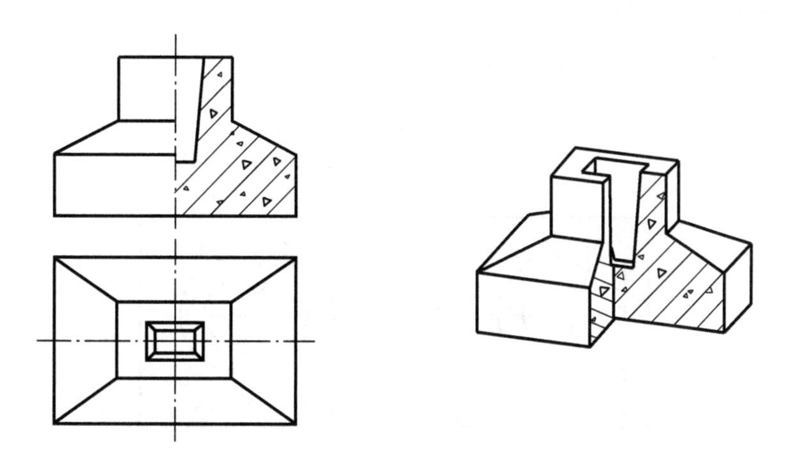

图 6.3　半剖面图

3. *局部剖面图*

(1) 形成

用剖切平面局部地剖开形体来表达内部结构形状所得到的剖面图，称为局部剖面图。局部剖切的位置和范围用波浪线表示，如图 6.4 所示。

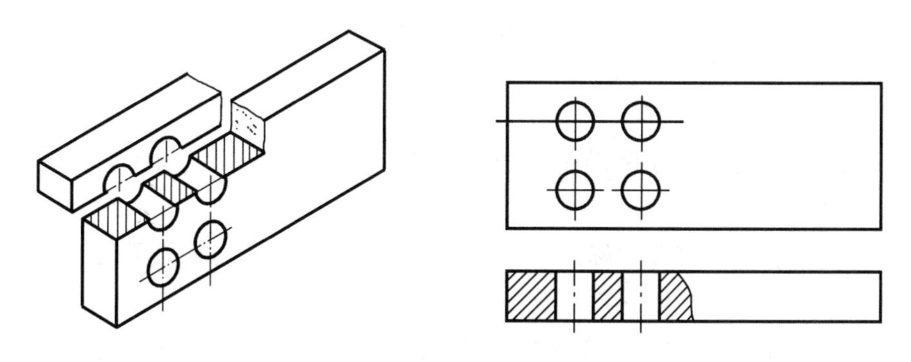

图 6.4　局部剖面图

(2) 适用范围

① 外形复杂、内部形状简单且需保留大部分外形，只需表达局部内部形状的形体。

② 形体轮廓与对称轴线重合，不宜采用半剖或全剖的形体，可采用局部剖面图。

(3) 注意事项

① 剖切范围根据实际需要决定,但要考虑看图方便,剖切不应过于零碎。

② 用波浪线表示形体断裂痕迹,波浪线应画在实体部分,经过孔、洞、槽等非实体部分时需断开。同时,不能超出形体轮廓线,不能与图上其他图线重合或画在其他图线的延长线上,如图 6.5 所示。

③ 局部剖面图只是形体整个外形投影中的一部分,不需标注。

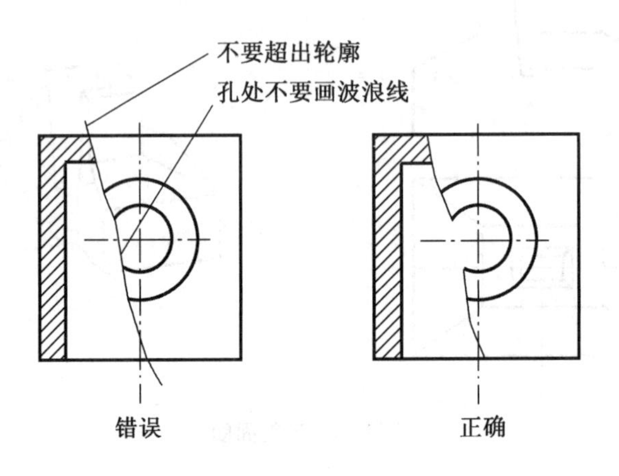

图 6.5 局部剖面注意事项

4. 阶梯剖面图

(1) 形成

当形体内部结构层次较多,采用一个剖切平面不能把形体内部结构全部表达清楚时,可以假想用两个或两个以上相互平行的剖切平面剖开形体,所得到的剖面图,称为阶梯剖面图,如图 6.6 所示。

(2) 适用范围

适合于表达内部结构不在同一平面的形体。

(3) 注意事项

① 阶梯剖面图必须加以标注,为使转折处的剖切位置不与其他图线发生混淆,应在转角处标注转角符号"┓"。

② 在剖面图上,由于剖切平面是假想的,不要画出两个剖切平面转折处交线的投影。

③ 转折位置不应与图形轮廓线重合,也要避免出现不完整的要素,如不应出现孔、洞、槽等结构的不完整投影。

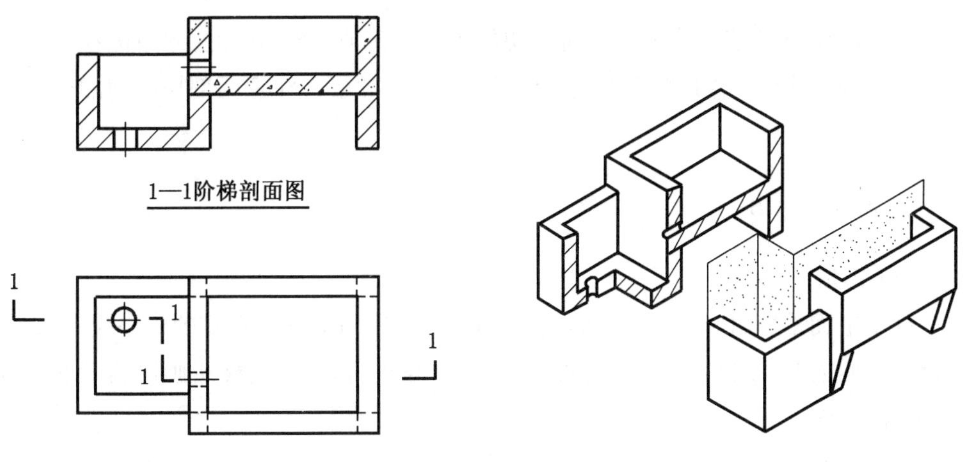

图 6.6　阶梯剖面图

5. 旋转剖面图

(1) 形成

用两相交的剖切平面(交线垂直于基本投影面)剖切形体后,将被剖切的倾斜部分旋转到与选定的基本投影面平行,再进行投影,使剖面图既得到实形又便于画图,这样的剖面图叫旋转剖面图,如图 6.7 所示。

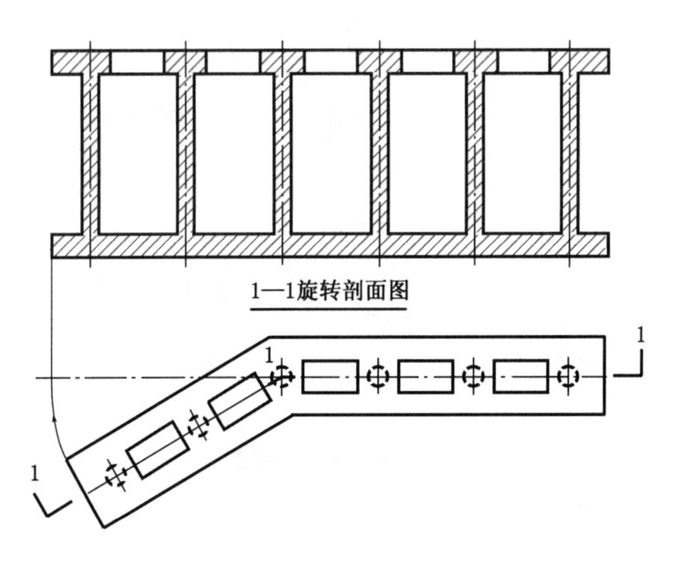

图 6.7　旋转剖面图

(2) 适用范围

内部结构形状用一个剖切平面不能表达完全,且具有回转轴的形体。

（3）注意事项

① 两剖切平面交线一般应与所剖切的形体回转轴重合，并标注剖切符号。

② 在画旋转剖面图时，应当先剖切、后旋转、再投影。注意两剖切平面的交线不应画出。

6. 展开剖面图

（1）形成

剖切平面是用曲面或平面与曲面组合而成的铅垂面，沿构造物的中心线剖切，再将剖切平面展开（或拉直），使之与投影面平行，再进行投影，这样所画出的剖面图称为展开剖面图。

（2）适用范围

适用道路路线、纵断面及带有弯曲结构的工程形体，如图6.8所示弯桥的展开剖面图。

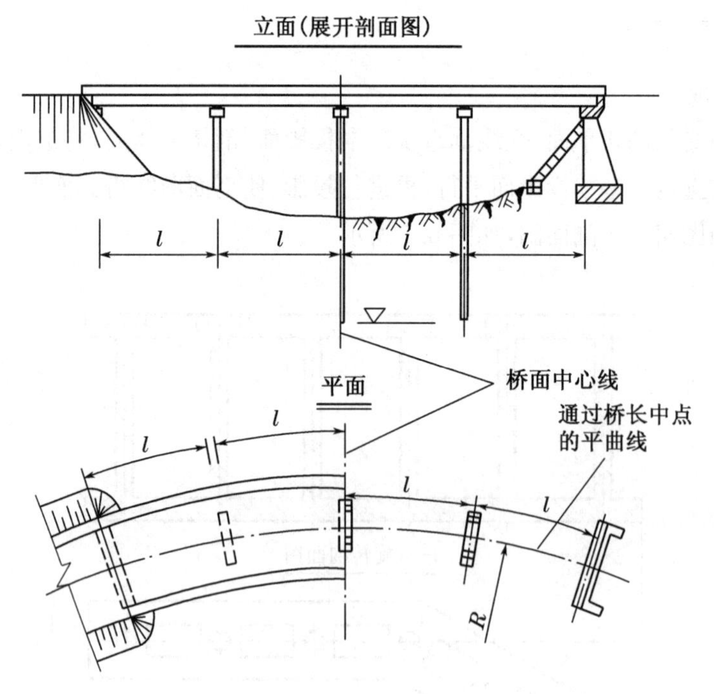

图6.8 展开剖面图

6.2　断面图

6.2.1　断面图的概念

假想用剖切平面将形体剖开后，仅画出被剖切处断面的形状，并在断面内画上材料图例或剖面线，这种图形称为断面图，简称断面，常用来表示物体局部断面形状。断面图的形成如图 6.9b 所示。

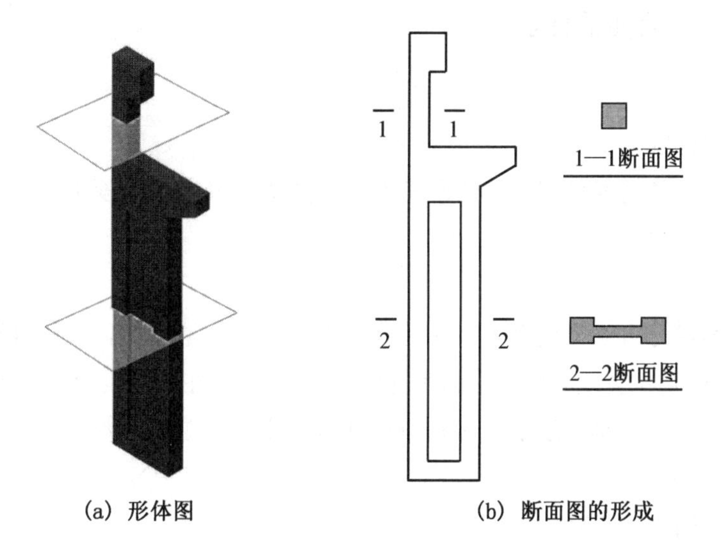

(a) 形体图　(b) 断面图的形成

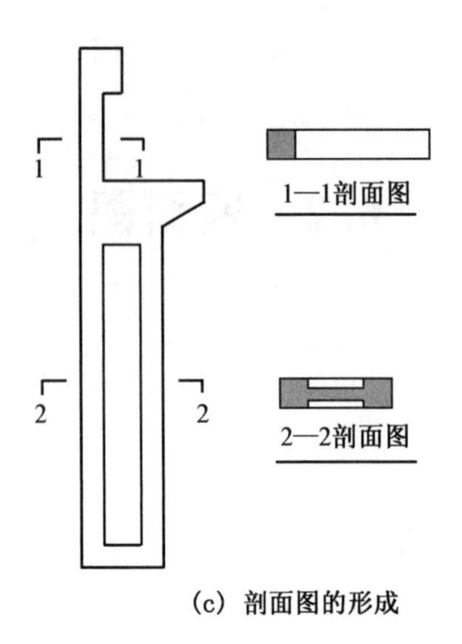

(c) 剖面图的形成

图 6.9 断面图与剖面图对比

6.2.2 断面图的标注

(1) 剖切符号

断面图的剖切符号仅用剖切位置线表示。剖切位置线用两段粗实线绘制，长度为 6～10 mm，如图 6.9b 所示。

(2) 剖切符号编号

剖切符号编号方法与剖面图基本一致。值得注意的是，断面图无须投影方向线的表示，仅在剖切位置线一侧注写剖切符号编号，编号所在一侧表示该断面剖切后的投影方向。编号写在剖切线下方，表示向下投影，编号写在剖切线左边，表示向左投影，如图 6.9b 所示。

(3) 断面图名称注写

在断面图下方标注断面图名称，如"1—1 断面图"，并在图名下方画一条等长的粗实线，如图 6.9b 所示。

(4) 断面图与剖面图的区别(图 6.9)

断面图与剖面图一样，也是用来表达形体的内部结构形状，两者的区别在于：

① 在绘图上，断面图只画出剖切平面剖切到的断面的投影，它只是面的投影。而剖面图除了画出断面形状外，还要画出沿投影方向剩余形体可见部分的投影，它是体的投影。

② 在剖切符号标注上，断面图只需标注剖切位置线，而不再画表示投影方向的粗实线(或箭头)，仅用编号所在的一侧表示投影方向。

6.2.3　断面图的种类与画法

1. 移出断面

画在物体投影轮廓线之外的断面图，称为移出断面，如图 6.9b 所示。

注意事项：

(1) 移出断面应尽量画在剖切平面的延长线上或其他适当位置。

(2) 移出断面的轮廓线用粗实线绘制，一般只画出剖切后的断面形状，但剖切后出现完全分离的两个断面时，这些结构应按剖面图画出。断面上要绘出材料图例，材料不明时可用 45°细斜线表示。

2. 重合断面

重叠在基本视图轮廓之内的断面图，称为重合断面。在土建工程中重合断面常用于表示路面结构坡度、屋面坡度、构件及墙面的装饰以及桥台锥坡等，如图 6.10 所示为角钢的重合断面图。

注意事项：

(1) 重合断面画在剖切位置迹线上，一般不需要标注。

(2) 重合断面的轮廓线用粗实线绘制，断面上要绘出材料图例，材料不明时可用 45°细斜线表示。

(3) 当剖面轮廓线与视图轮廓线重合时，视图中的轮廓线仍应连续画出，不可间断。

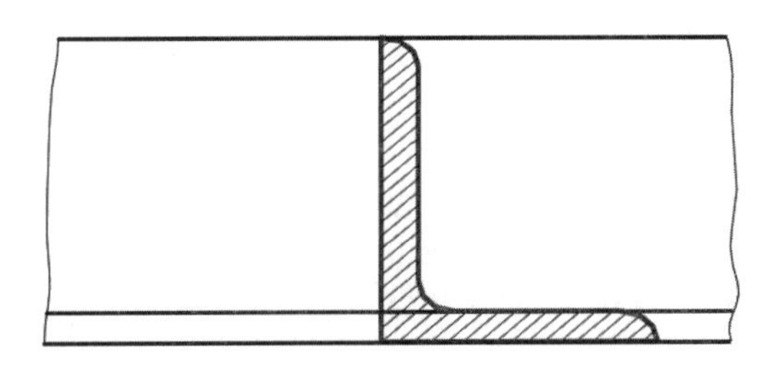

图 6.10　角钢重合断面图

3. 中断断面

画在视图中断处的断面图称为中断断面。这种画法适用于较长而只有单一断面的杆件，如图 6.11 所示为型钢的中断断面图。

注意事项：

(1) 中断断面画在视图的中断处，不需要标注。

(2) 中断断面的轮廓线用粗实线绘制，断面上要绘出材料图例，材料不明时可用 45°细斜线表示。

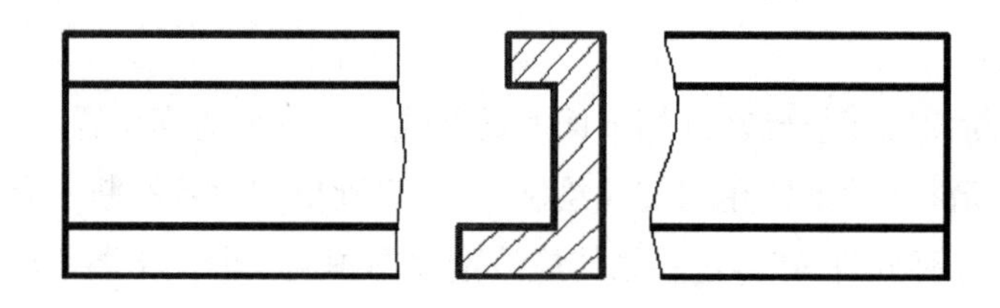

图 6.11 型钢中断断面图

6.3　简化画法

在不影响生产和表达形体完整性的前提下，为了节省绘图时间，提高工作效率，国标中规定了一些简化画法。

6.3.1　对称图形画法

当视图只有 1 条对称中心线时，可以只画视图的一半；当视图有 2 条对称中心线时，可以只画视图的 1/4，但必须画出对称中心线。同时，对称中心线两端需加上对称符号，对称符号用一对平行的细实线表示，其长度为 6～10 mm，间距为 2～3 mm，如图 6.12 所示。

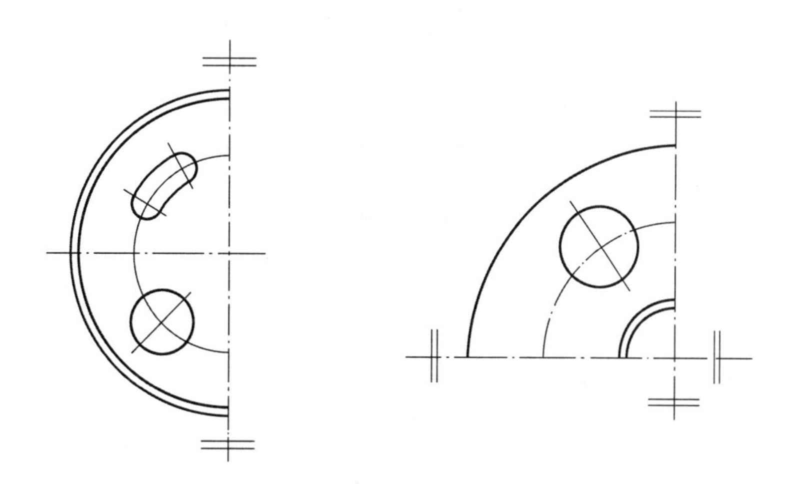

图 6.12　对称图形的简化画法

6.3.2 折断省略画法

对于较长的构件，如沿长度方向的形状相同或按一定规律变化，可将中间折断部分省去不画，断开处应以折断线表示，折断线两端应超出图形线 2～3 mm，如图 6.13 所示。

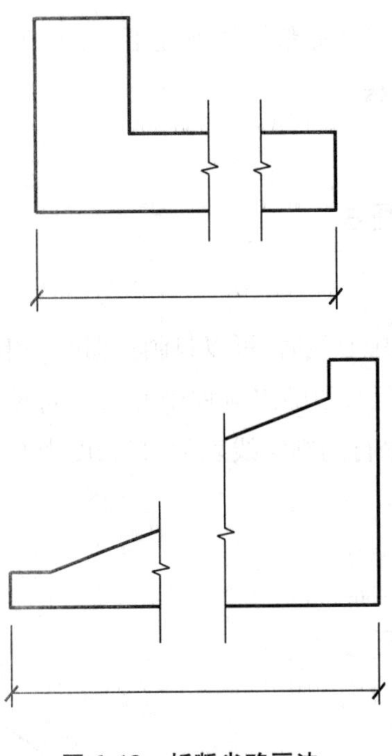

图 6.13 折断省略画法

6.3.3 相同要素画法

形体内有多个完全相同且连续排列的构造要素时，可仅在其两端或适当位置画出其完整图形，其余要素以中心线或中心线交点表示，如图 6.14 所示。

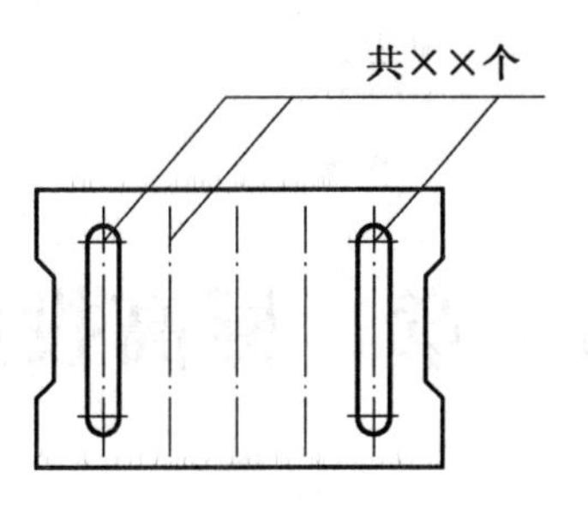

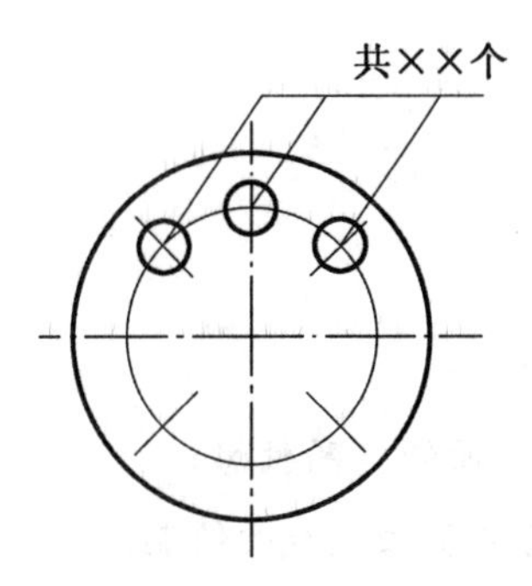

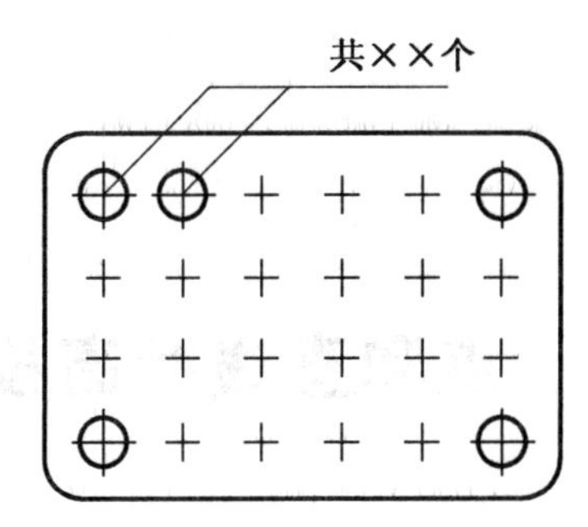

图 6.14　相同要素简化画法

第 7 章　标高投影

学习目标

1. 能够叙述标高投影的概念；
2. 能够读懂直线、平面、曲面的标高投影；
3. 能够完成平面、曲面与地形面交线的绘制。

7.1　点和直线标高投影

7.1.1　标高投影的概念

许多建筑物、构筑物、道路工程、隧道工程等通常要建在高低不平的地面上，或者建在有山峦、河流的地面上，他们与地面的形状有着密切的关系，施工中经常涉及土方的挖填。因此，在工程设计和施工中，常常需要绘制表示地面起伏状况的地形图，并在图上表示工程建筑物或构筑物。由于地形往往比较复杂，长度方向和高度方向尺寸相差很大，如果采用前述的三面投影法，作图困难，且难以表达清楚。因此，在生产实践中，常常采用标高投影法来表示地形图。

用一组等间隔的水平面截割地形曲面，得到一组水平截交线，称为等高线。将它们投射到水平投影面(基准面)上，并标出各自的标高，即得标高投影图，也称地形图，如图 7.1 所示。

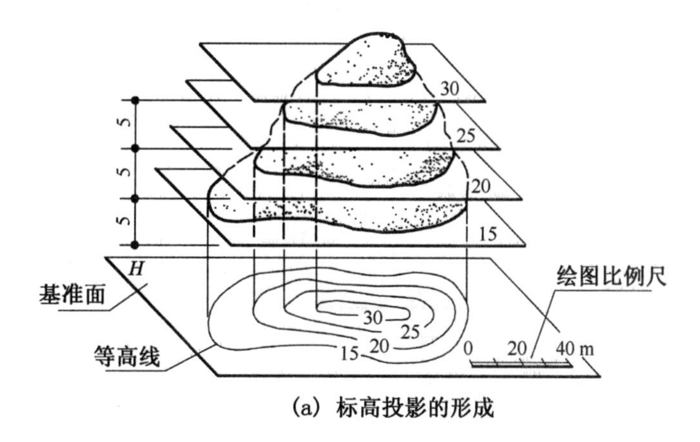

(a) 标高投影的形成

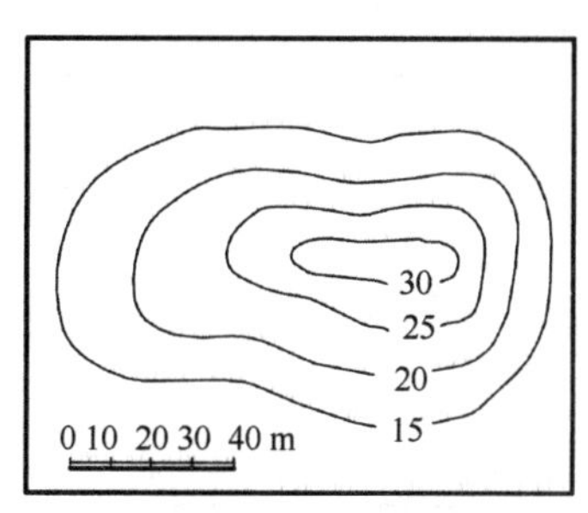

(b) 标高投影图

图 7.1　标高投影

(1) 标高投影：在物体的水平投影上加注某些特征面、线及控制点的标高数值和比例来表达空间物体的单面正投影称为标高投影，如图 7.1b 所示。

(2) 基准面：在标高投影中，水平投影面 H 面为基准面，如图 7.1a 所示。

(3) 标高：空间点到基准面 H 面的距离。

一般规定：H 面的标高为零，H 面上方点的标高为正值，下方点的标高为负值，标高单位为米。

(4) 比例尺：在图中应注明绘图的比例或者画出比例尺，比例尺的形状是上细下粗的平行双线，如图 7.1 所示。在标高投影图中，如果没有标注长度单位的，则以米计。

7.1.2　点的标高投影

如图 7.2a 所示，选水平面 H 面为基准面，其标高为零。点 A 位于 H 面的上方

5 m,点 B 位于 H 面的下方 3 m,点 C 位于 H 面上。

空间点 A、B、C 三点的水平投影 a、b、c 的右下角标注其高度数值 5、-3、0,就得到空间点 A、B、C 三点的标高投影,如图 7.2b 所示。

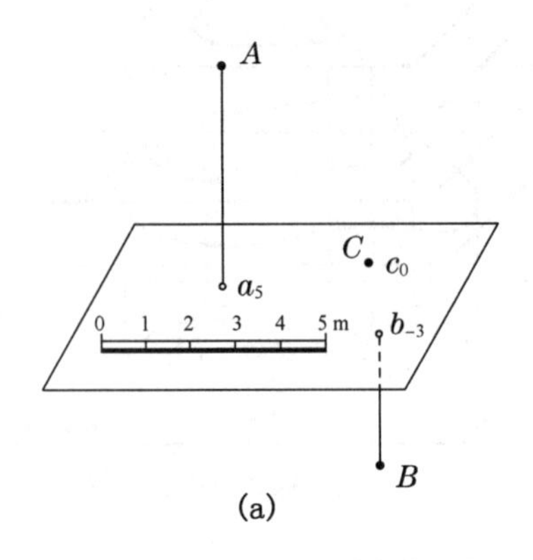

(a)

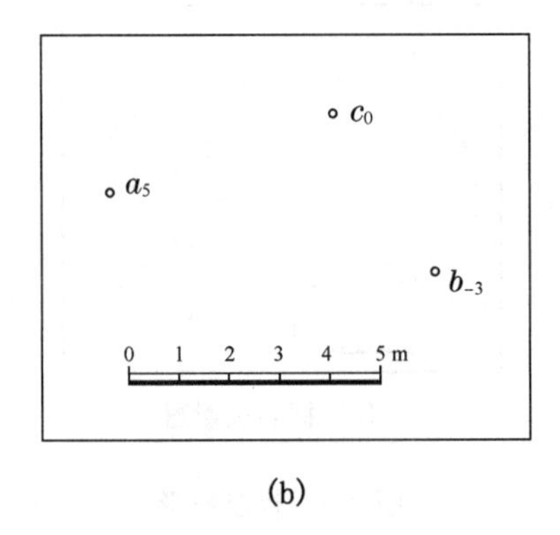

(b)

图 7.2 点的标高投影

由此可见,标高投影应包括水平投影、高程数值、绘图比例三要素。

通常我国以青岛附近的黄海平均海平面作为基准面,所得的高程为绝对高程,否则称为相对高程。

7.1.3 直线的标高投影

1. 直线标高投影的表示法

在标高投影中,直线的位置由直线上的两个点或者直线上的一点以及该直线的方向决定。因此,直线标高投影有两种表示法。

(1) 用直线上两点的高程和直线的水平投影表示。如图 7.3a 所示。

(2) 用直线上一个点的高程和直线的方向来表示。直线的方向规定用坡度和箭头表示,箭头指向下坡方向,如图 7.3b 所示。

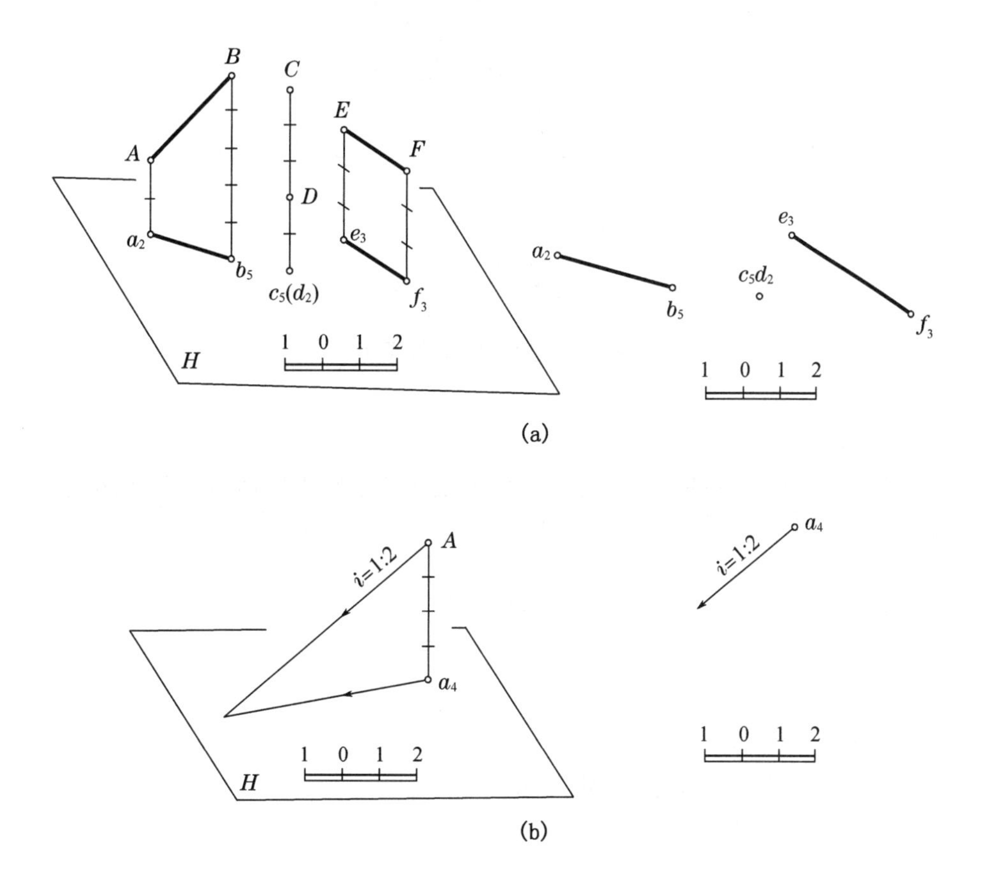

图 7.3　直线的标高投影

2. 直线的坡度和平距

(1) 坡度

直线上任意两点的高度差与其水平距离之比,称为该直线的坡度,如图 7.4 所示,用符号 i 表示,即

$$i=\frac{\Delta H}{L}=\tan\alpha$$

式中,i——坡度;

ΔH——两点之间的高度差,m;

L——两点之间的水平距离,m;

α——直线的倾角。

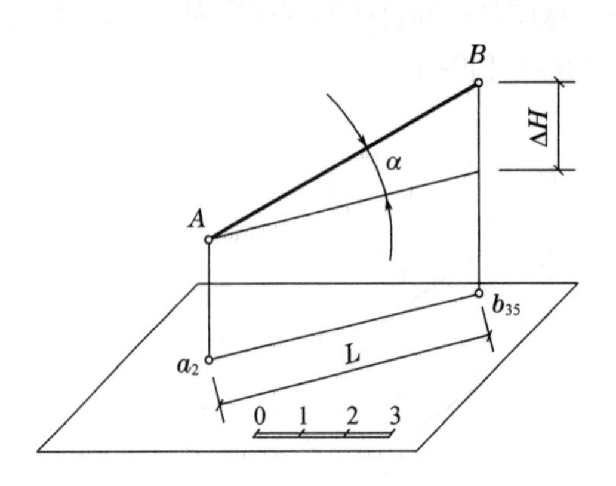

图 7.4 直线的坡度和平距

(2) 平距

当直线上两点之间的高度差为 1 m,它们之间的水平距离称为平距,用符号 l 表示,即

$$l=\frac{L}{\Delta H}=\cot\alpha$$

$$l=\frac{1}{i}$$

式中,l——平距;

L——两点之间的水平距离,m;

ΔH——两点之间的高度差,m;

α——直线的倾角。

由此可见,平距和坡度互为倒数,坡度越大,平距越小;反之,平距越大,坡度越小。

(3) 直线上高程点的求法

直线上任意两点之间的高度差与其水平距离之比是一个常数。因此,在已知直线上任取一点都能计算出它的高程,或已知直线上任意一点的高程,即可以确定它的水平投影的位置。

例题 7－1 如图 7.5a 所示,已知直线上 A 点的高程及该直线的坡度,求:(1) 直线上高程为 3.3 m 的点 B;(2) 标注出直线上各整数高程点。

解:(1) 求 B 点

根据图 7.5a 已知条件,A 点高程为 7.3 m,直线坡度为 $i=1/3$。

两点之间高差:$\Delta H=7.3-3.3=4$ m

两点的水平距离:$L_{AB}=\Delta H/i=4/(1/3)=12$ m

从 A 点往坡度方向,根据图上的比例尺量取 $L_{AB}=12$ m,即求得点 B 的标高投

影 $b_{3.3}$。如图 7.5b 所示。

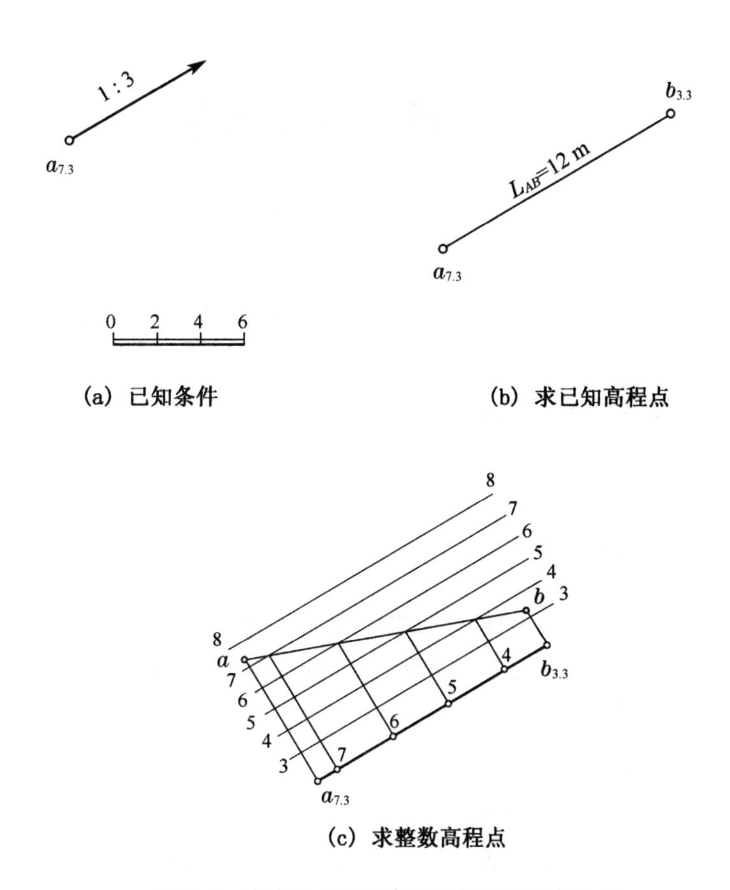

(a) 已知条件　　(b) 求已知高程点

(c) 求整数高程点

图 7.5　求直线上已知高程的点和整数高程点

(2) 求直线上各整数高程点

如图 7.5c 所示，作六条等间距与 $a_{7.3}b_{3.3}$平行的高程平行线，最高一条 8 m，最低一条为 3 m。过 $a_{7.3}$点和 $b_{3.3}$点做各自的垂线，在标高 7.3 m 处得 a 点，在标高 3.3 m 处得 b 点，连线 ab，与各整数标高线相交，过各个交点引垂线与 $a_{7.3}b_{3.3}$相交，分别得出整数标高点 7、6、5、4。

7.2 平面的标高投影

7.2.1 平面标高投影的表示法

1. 平面上的等高线

平面上的等高线是平面上高程相同的点的集合，即该平面上的水平线，也可以看成是水平面与该面的交线，如图 7.6a 所示。当相邻等高线的高差为 1 m 时，等高线间的水平距离称为等高线的平距。从图中可以看出平面上等高线有以下特性：

(1) 平面上的等高线是直线；

(2) 平面上的等高线相互平行；

(3) 平面上的等高线之间高差相等时，其水平距离也相等；

(4) 等高线的数字的字头应朝向高处。

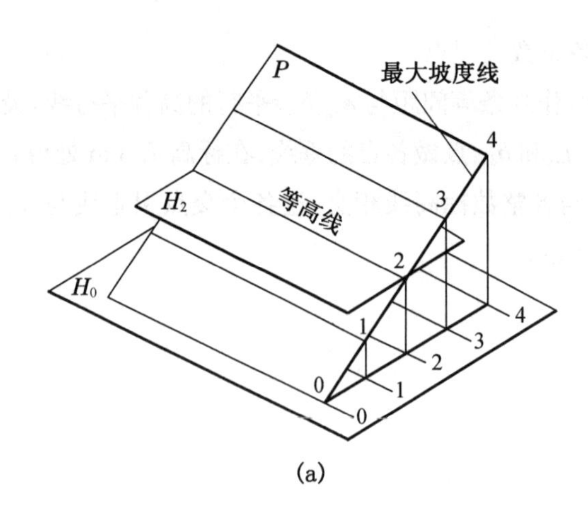

(a)

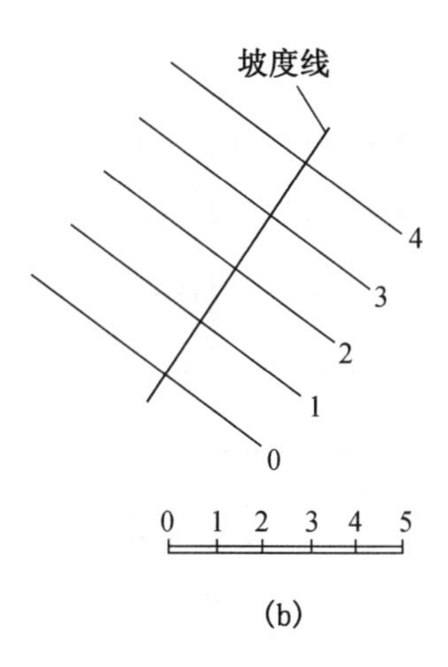

(b)

图 7.6　平面上的等高线和坡度线

2. 平面上的坡度线

平面上垂直于等高线的直线称为平面上的坡度线，坡度线是平面内对水平面的最大斜度线，如图 7.6b 所示。

平面上坡度线有以下特性：

(1) 平面坡度线与等高线的标高投影相互垂直；

(2) 平面坡度线的坡度代表该平面的坡度。

3. 坡度比例尺

工程上有时也将坡度线的投影附以整数标高，并画成一粗一细的双线，如图 7.7b 所示，称为平面的坡度比例尺。P 平面的坡度比例尺用字母 P_i 表示。

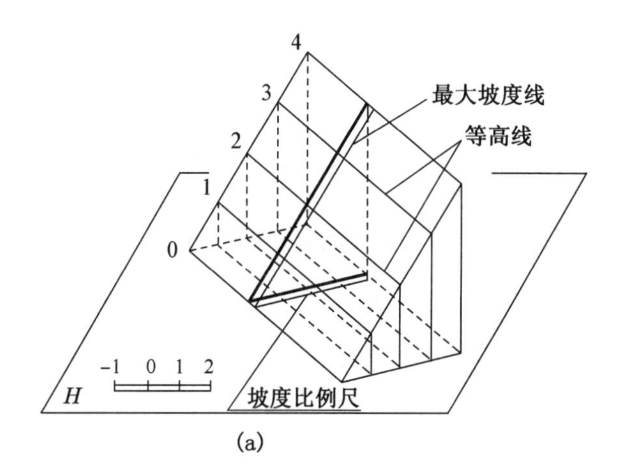

(a)

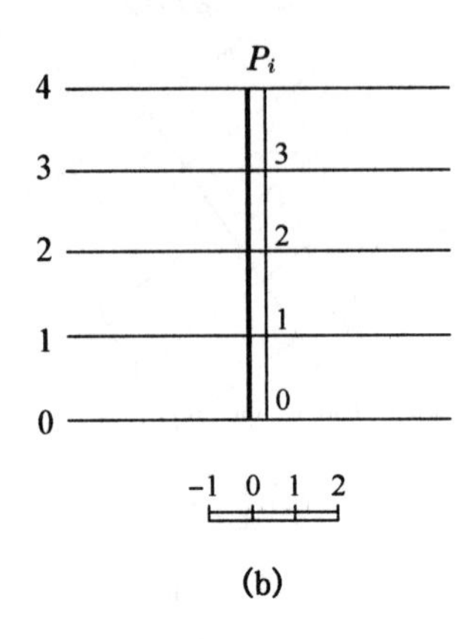

(b)

图 7.7 平面上的坡度比例尺

4. 平面的表示法

在标高投影中，平面的表示法常常采用等高线表示法、坡度比例尺表示法、平面上的一条等高线和一条坡度线表示法。

(1) 等高线表示法

这种表示法实际上是利用两平行直线表示平面。如图 7.8a 所示，用平面上的两条高程分别为 10、20 的等高线表示平面。如果在该平面上作高程为 18、16、14、12 的等高线，可根据等高线的特性，在等高线 10 与 20 之间作一条坡度线，并将坡度线分成五等分，如图 7.8b 所示。

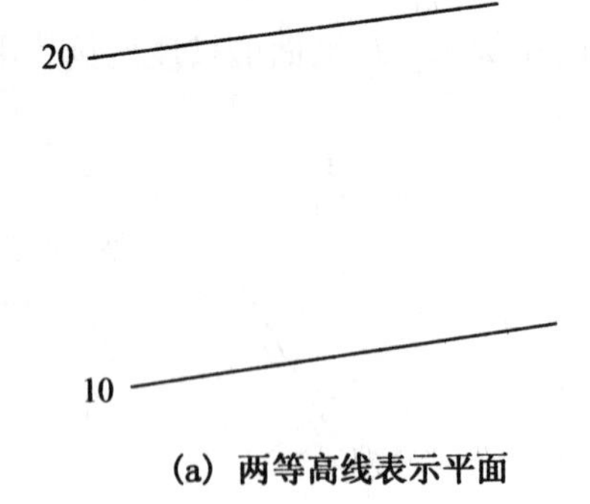

(a) 两等高线表示平面

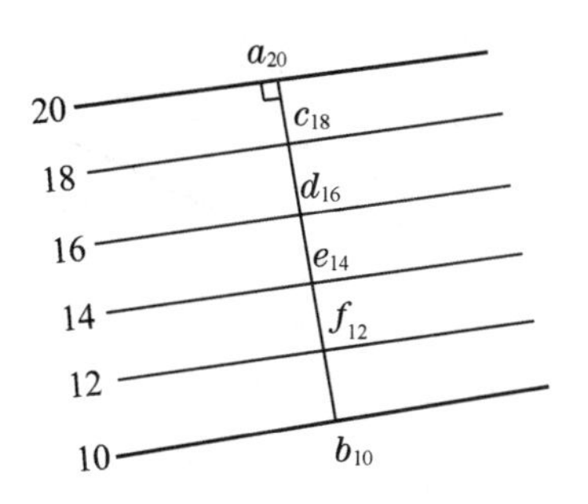

(b) 作平面内等高线

图 7.8 等高线表示平面

(2) 坡度比例尺表示法

这种表示法必须是已知平面的等高线组，利用等高线与坡度比例尺相互垂直的关系，作出平面上的坡度比例尺，反之亦然。

如图 7.9 所示，坡度比例尺的位置和方向给定，平面的方向和位置也就随之而定。过坡度比例尺的各整数标高点作它的垂线，就是平面上的相应标高的等高线。但要注意的是必须要给出标高投影的比例尺。

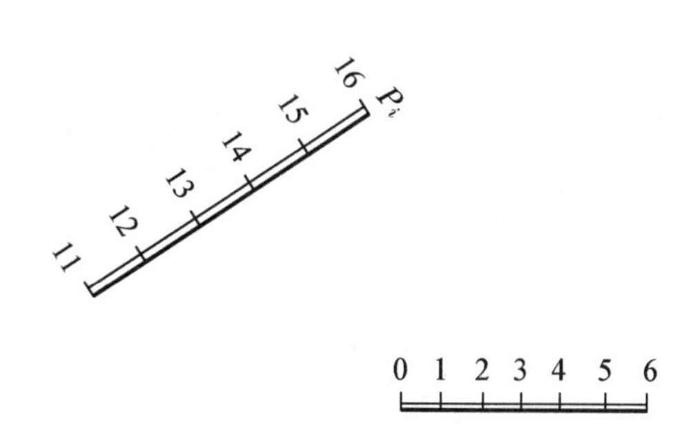

图 7.9 坡度比例尺表示平面

(3) 平面上的一条等高线和一条坡度线表示法

如图 7.10a 所示，用一条等高线和坡度线来表示平面，必须具备三个条件：一条等高线、坡度方向、坡度比例，图中有一条高程为 5 m 的等高线，坡度为 1∶2，坡度方向用箭头表示，该平面的位置和方向就确定了。

如果作平面上的等高线，可利用坡度求得等高线的平距，然后作已知坡度线的垂线，在坡度线上用比例尺量取平距求出等分点，过各等分点作已知坡度线的垂线，如图 7.10b 所示。

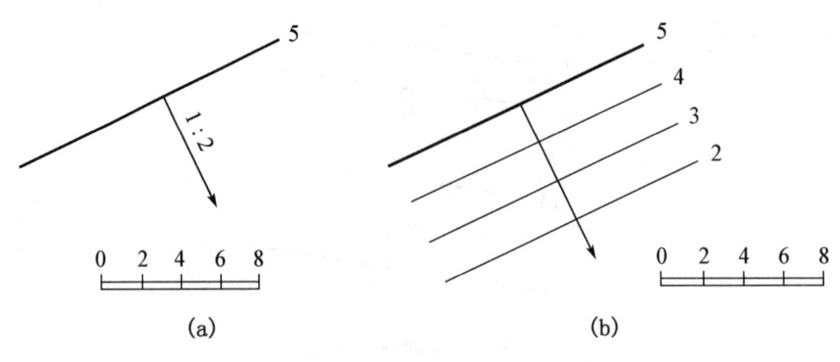

图 7.10 一条等高线和坡度表示平面

7.2.2 平面的交线

在标高投影中，求平面与平面的交线，通常采用辅助平面法。辅助水平面与两个相交平面的截交线是两条相同高程的等高线，这两条等高线的交点是两平面的共有点，即两平面交线上的点，如图 7.11 所示。

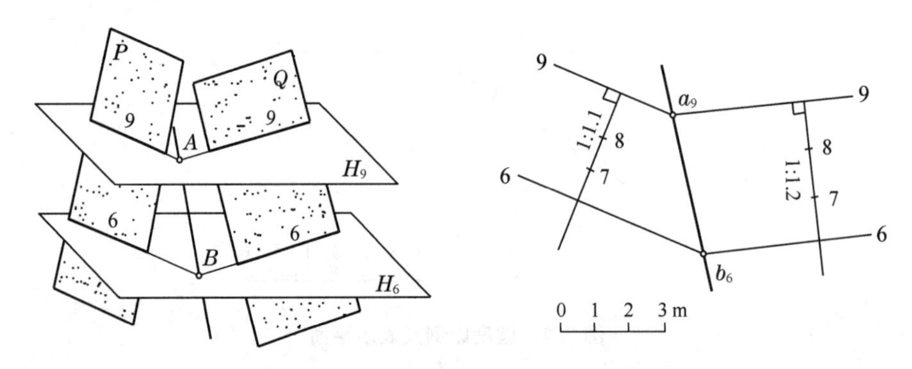

图 7.11 用水平辅助面求两平面的交线

在土建工程中，把建筑物相邻两坡面的交线称为坡面交线，填方形成的坡面与地面的交线称为坡脚线，挖方形成的坡面与地面的交线称为开挖线。

例题 7-2 在高程为 5 m 的地面开挖一个基坑，坑底高程为 1 m，基坑底的形状大小以及各坡面坡度，如图 7.12a 所示，求作开挖线和坡面交线，并在坡面上画出示坡线。

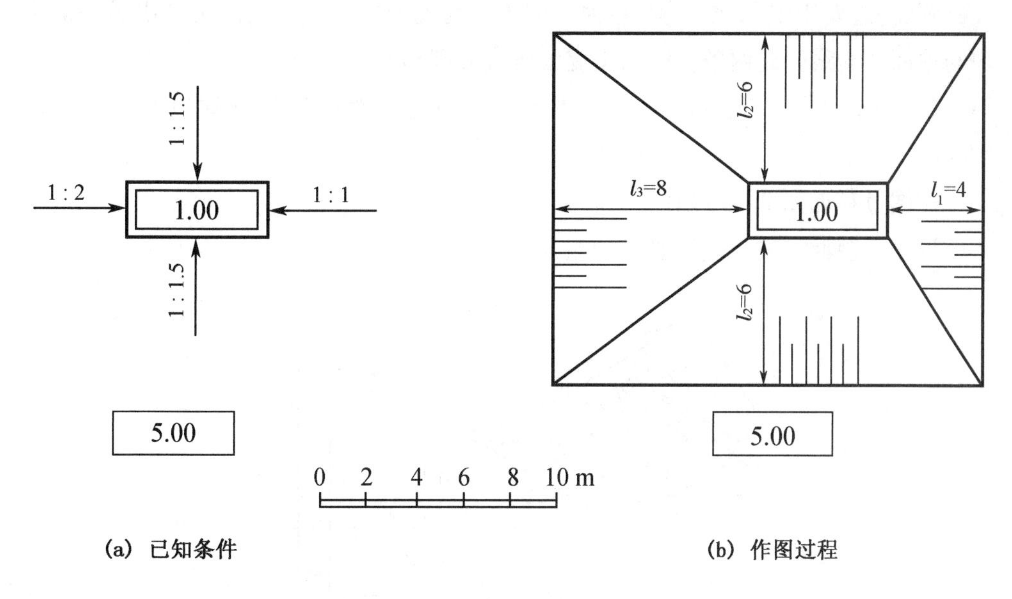

(a) 已知条件　　(b) 作图过程

图7.12　基坑开挖线和坡面交线

解:(1) 求开挖线和坡面交线

地面高程为5 m,开挖线就是各坡面与地面的交线,并且开挖线与坑底各边平行。根据L=$\Delta H/i$,可求出坡度为1∶1、1∶1.5、1∶2各坡面开挖线距坑底等高线的水平距离L,分别为4 m、6 m、8 m。按比例尺量取后,分别画出各坡面的开挖线,如图7.12b所示。

两平面上相同高程的等高线交点的连线,是两平面的交线。分别连接高程为5 m等高线的交点与高程为1 m等高线的交点,即得四条坡面交线。

(2) 画示坡线

在坡面上高程较高一侧,按坡度线方向画出长短相间、用细实线表示的示坡线。

例题7-3　已知堤顶高程为4 m的土堤和路面坡度i=1∶4的上堤斜路,设地面高程为0,各坡面的坡度如图7.13a所示,试作土堤与斜路坡面间、坡面与地面间的交线。

解:

(1) 算出堤顶边线与边坡的坡脚线之间的水平距离

$$L_1=L_2=(4-0)/(1/2)=8\text{ m}$$

用比例尺量取8 m,据此可作出土堤边坡两边的坡脚线。

(2) 设斜路四个角点为b_0、d_0、a_4、f_4(实际上是两条高程分别为0 m、4 m的等高线)。

作图:算出r=(4-0)/1.5=6 m,在比例尺上量取6 m,以a_4为圆心、以r为半径画圆弧，过 b_0 作该弧的切线，即为一侧边坡与地面的交线。同法可作出另一侧边坡与地面的交线。此两条交线与土堤坡脚线分别相交于 c_0、e_0 两点。

(3) 连线 b_0c_0、c_0a_4、d_0e_0、e_0f_4，得土堤边坡与斜路边坡的交线以及各自的坡脚线。

作图过程如图 7.13b 所示。

说明：坡脚线、坡面交线必须加粗。

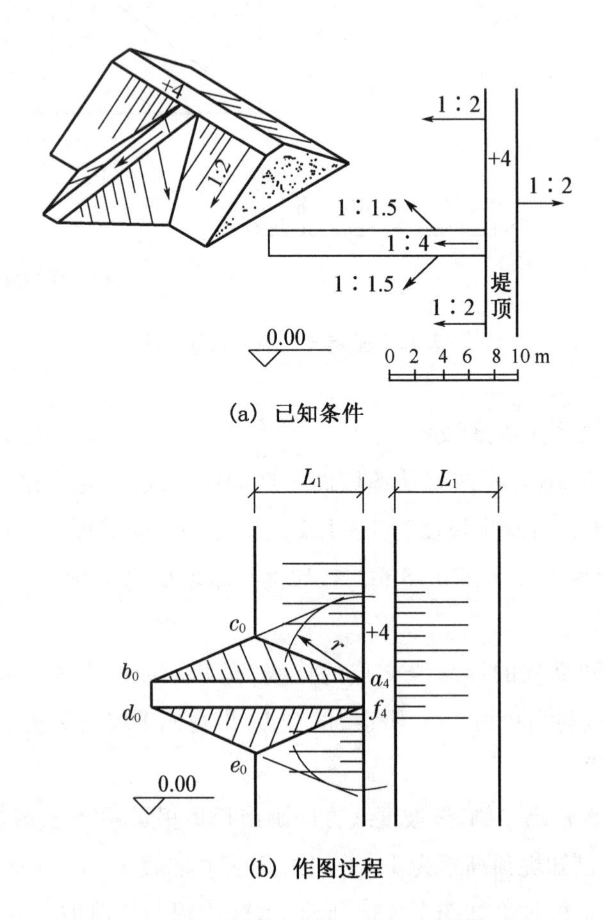

(a) 已知条件

(b) 作图过程

图 7.13 土堤与斜路坡面间、坡面与地面间的交线

7.3　曲面的标高投影

7.3.1　曲面的表示法

在标高投影中，用一系列假想水平面切割曲面，画出这些截交线（即曲面等高线）的标高投影，即为曲面的标高投影。曲面常用一系列等高线来表示。

如图7.14a所示，正圆锥面的等高线都是同心圆，当高差相等时，等高线间的水平距离相等。当锥面正立时，等高线越靠近圆心，其标高数字越大。

如图7.14b所示，是一个斜圆锥，斜圆锥面的等高线是偏心的。等高线之间间距越小表示坡度越陡，等高线之间间距越大表示坡度越缓。

如图7.14c所示，当锥面倒立时，其等高线都是同心圆，等高线越靠近圆心，其标高数字越小。

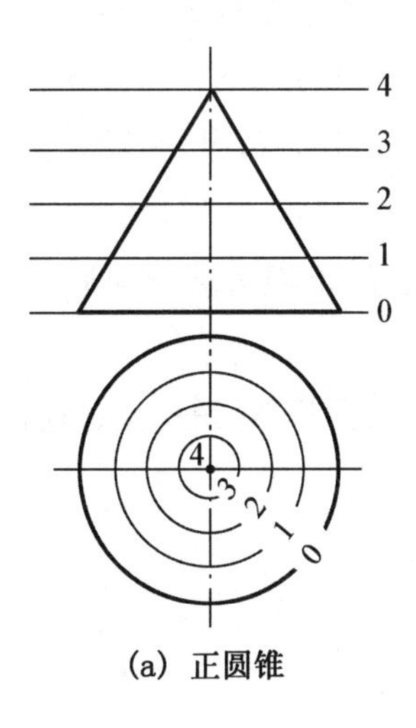

(a) 正圆锥

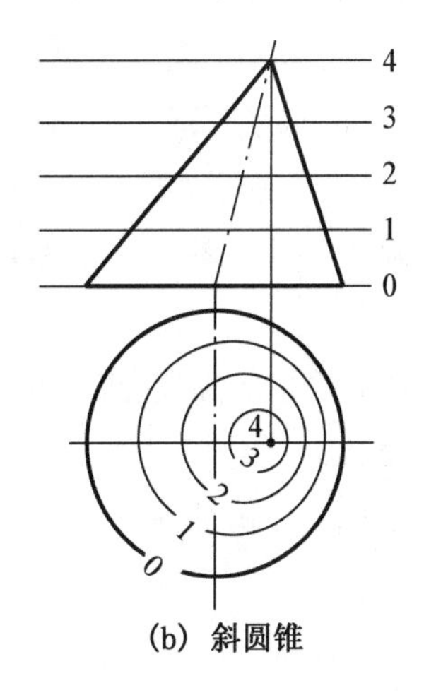

(b) 斜圆锥

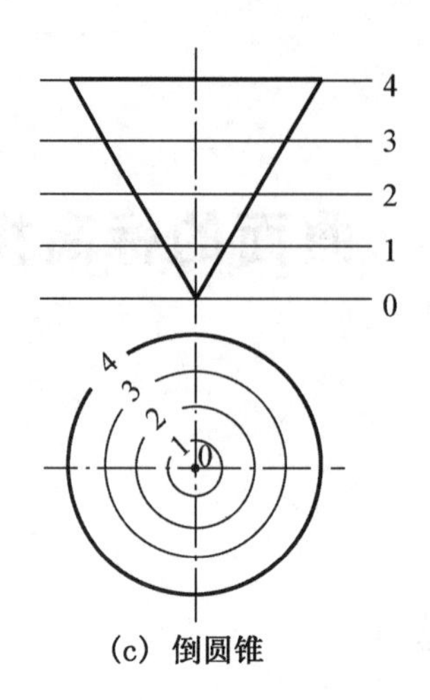

(c) 倒圆锥

图 7.14 圆锥面的标高投影

在绘制圆锥面的等高线时需要注意以下几点：

(1) 必须注明锥顶高程，否则无法区分圆锥与圆台；

(2) 等高线在遇到标高数字时必须断开；

(3) 标高字头朝向高处以区分正圆锥与倒圆锥；

(4) 等高线的疏密反映了坡度的大小。

例题 7-4 在土坝与河岸连接处，用锥面加大坝头，如图 7.15a 所示，土坝顶标高为 130 m，河底标高为 118 m，求坡脚线及各坡面间的交线。

解：(1) 按照不同的坡度计算出坝顶与河底的水平距离 $L=\Delta H/i$。

坡度为 1∶2 的水平距离 $L_1=\Delta H/i=(130-118)/(1/2)=24$ m。

坡度为 1∶1 的水平距离 $L_2=\Delta H/i=(130-118)/(1/1)=12$ m。

坡度为 1∶1.5 的水平距离 $L_3=\Delta H/i=(130-118)/(1/1.5)=18$ m。

(2) 在比例尺上量取各个水平距离，即可画出土坝边坡与河底的交线，即为坡脚线。

(3) 在各坡面作出等高线，得出相邻坡度同高程等高线的交点，连接这些交点即为坡面之间的交线。

作图过程如图 7.15b 所示。

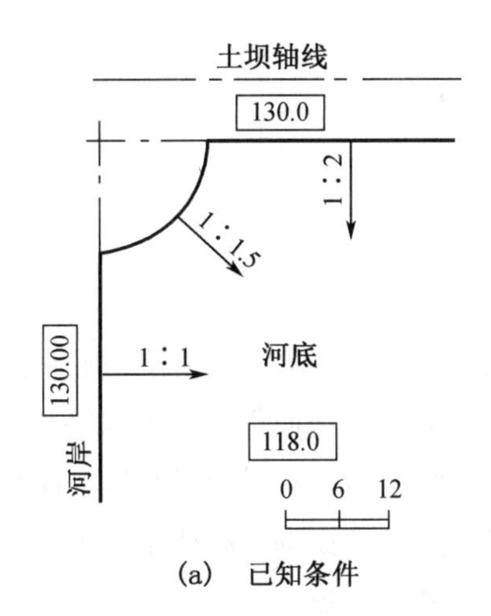

(a)　已知条件

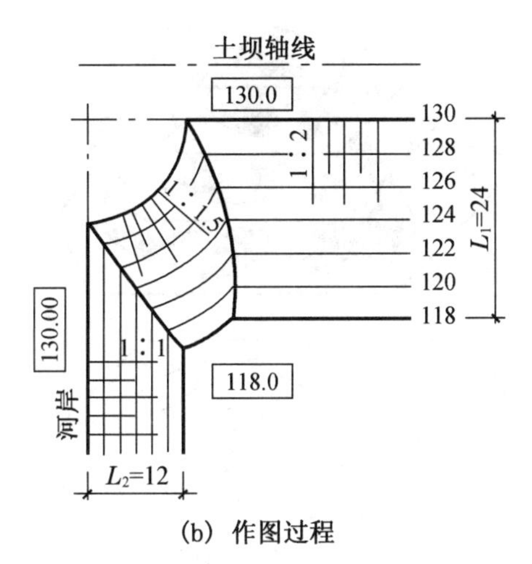

(b) 作图过程

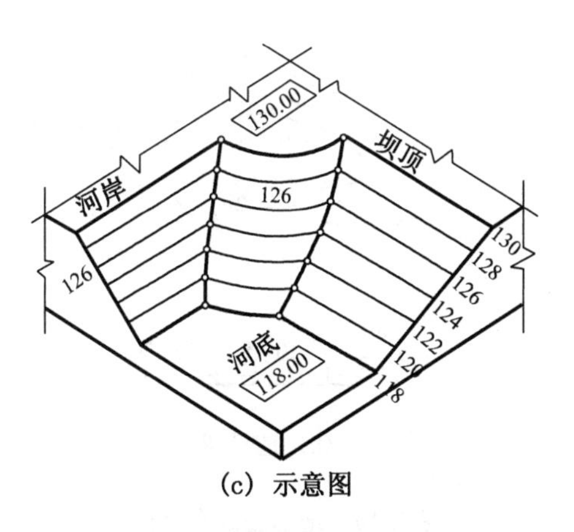

(c) 示意图

图 7.15　坡脚线及坡面交线

7.3.2 地形的表示法

1. 地形图

地形是用地面上的等高线来表示的。假想用一组高差相同的水平面切割地面，便得到一组高程不同的等高线，画出地面等高线的水平投影并标明每条等高线的高程，标出绘图比例和指北针，即得到地形的标高投影，工程上把这种图形称为地形图，如图 7.16 所示。在生产实践中地形图的等高线是用测量方法得到的，且等高线的高程的数字的字头朝向，按规定指向上坡。

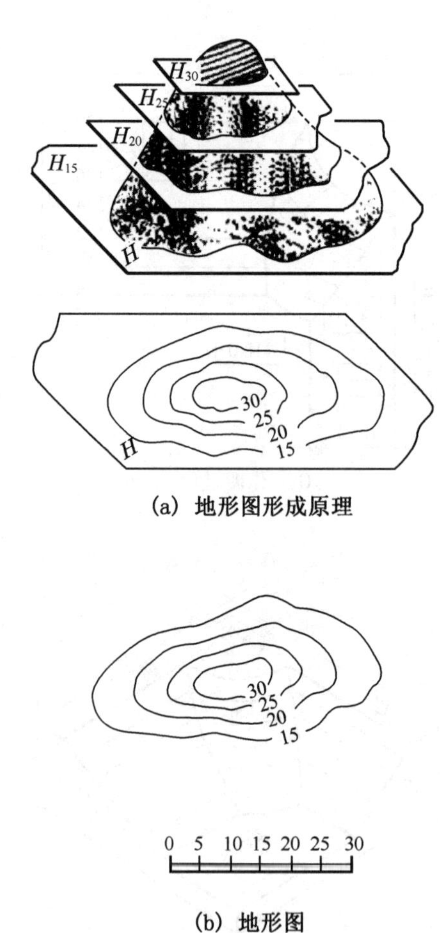

(a) 地形图形成原理

(b) 地形图

图 7.16 地形图的表示法

2. 地形图识读

如图 7.17 所示，单从地形图上观察，地形图的形状一样，只是高程数字标注方向不同。图 a 和图 b 分别代表不同地面形状的地形图，图 a 代表地面形状是中间高四周低，图 b 代表地面形状是中间底四周高。

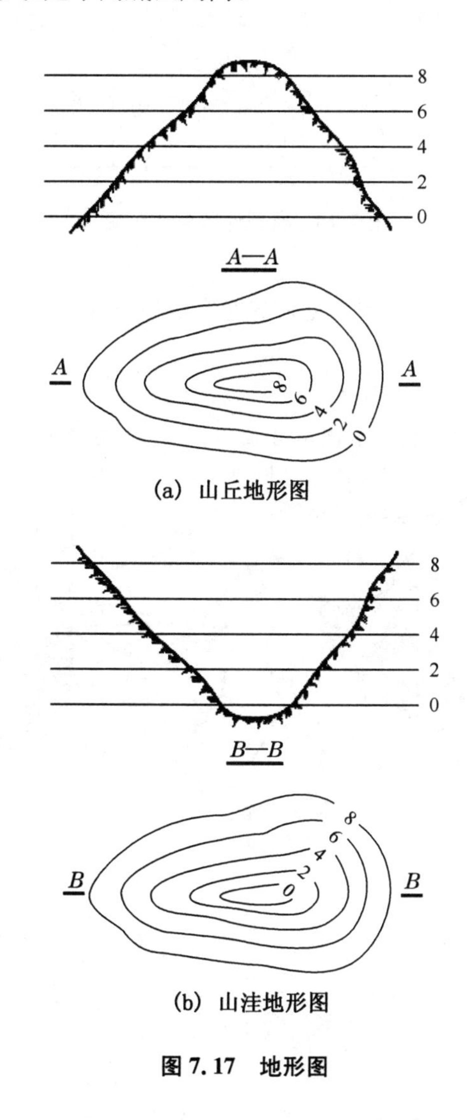

图 7.17　地形图

图 7.18 为在地形图上典型地貌的特征，包括：山丘、盆地、山脊、山谷、鞍部等。

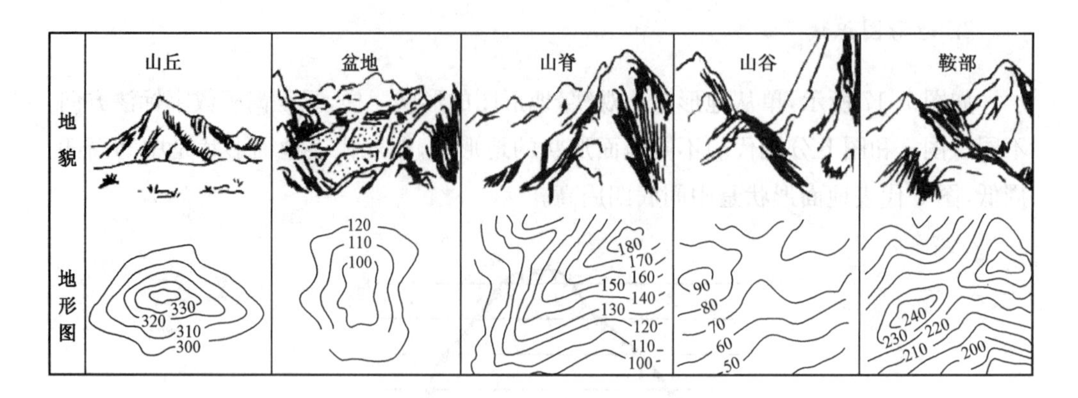

图 7.18　典型地貌与地形图

如图 7.19 所示，这是一个比较复杂的地形地貌，有山脊、山谷、鞍部、山顶、河谷、峭壁等多种复杂的地面形状。

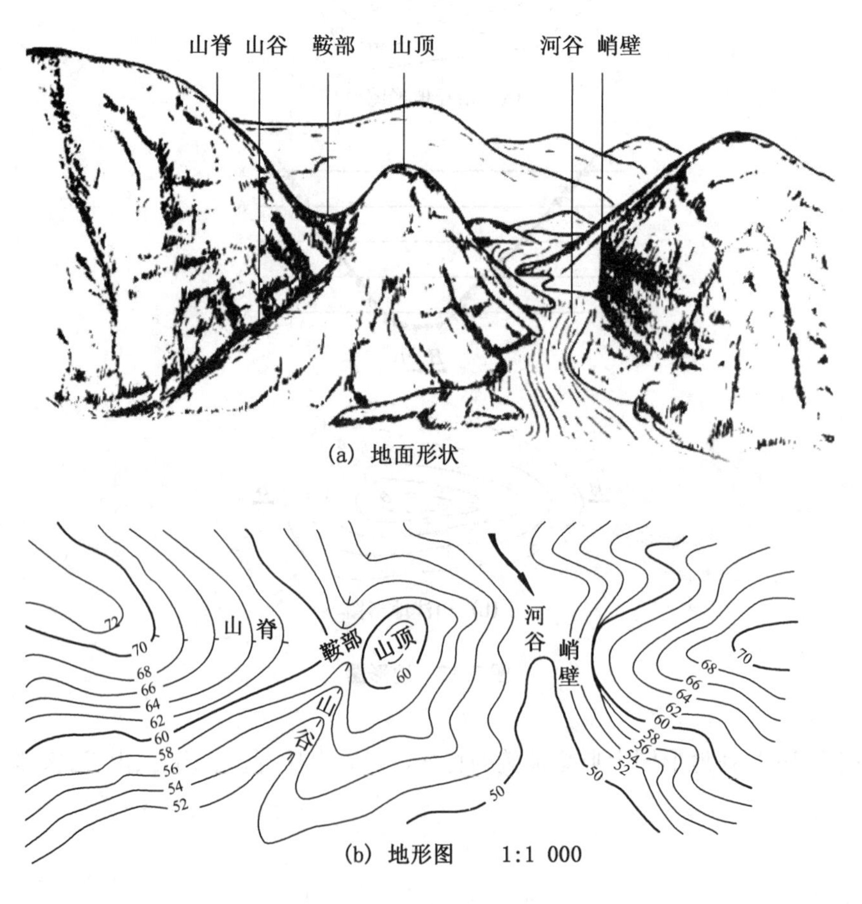

图 7.19　地面形状与地形图

山脊：等高线凸出方向指向低处，则对应的地形是山脊。

山谷：等高线凸出方向指向高处，则对应的地形是山谷。

鞍部：相邻两山峰之间，形状像马鞍的区域称为鞍部，在鞍部两侧的等高线形状接近对称。

山顶：等高线闭合圈由小到大其高程依次递减，等高线随时逐渐变稀，则对应的地形是山顶。

峭壁：等高线非常密集甚至重合，则对应的地形是峭壁。

从图中可以看出地形图的等高线有以下特性：

(1) 等高线是封闭的不规则曲线；

(2) 除了悬崖、峭壁等特殊地形外，一般情况下，相邻等高线不相交、不重合。

(3) 在同一张地形图中，等高线越密表示该处地面坡度越陡，等高线越稀表示该处地面坡度越缓。

(4) 等高线的高程的数字的字头朝向，按规定指向上坡坡顶。

3. 地形断面图

用铅垂面剖切地形面，剖切平面与地形面的截交线就是地形断面，并画上相应的材料图例，称为地形断面图。

例题 7-5　如图 7.20a 所示，已知地形图和铅垂剖切面 A—A 的位置，试作 A—A 地形断面图。

解：A—A 剖切面与地面的交线为一不规则曲线，用坐标定点的方法求出这条曲线：将 AA 直线与等高线的交点 $a, b, c, \cdots, k, m$ 等按位置截量在水平坐标轴上，再沿竖直方向截出相应各点的高程，将各个高程点连接成光滑曲线，即得地面线。地面线下加画一些自然土壤符号，以示剖切所得的地形断面图，如图 7.20b 所示。

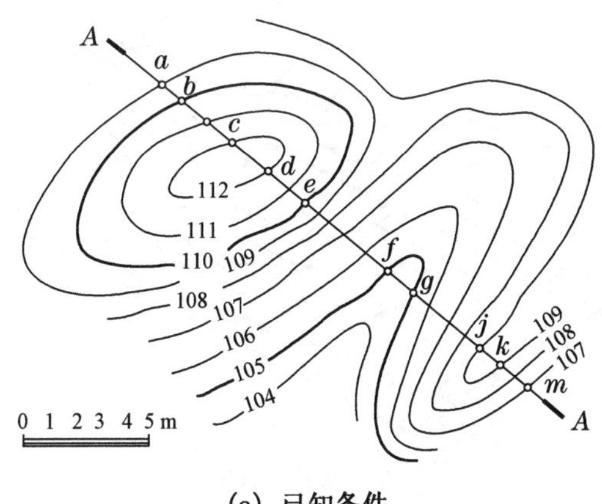

(a) 已知条件

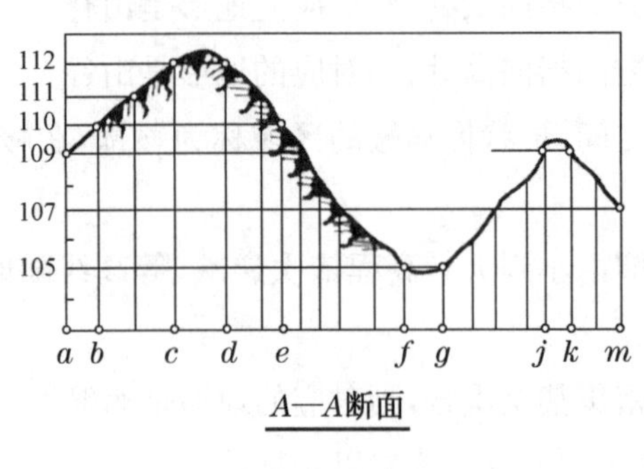

(b) 作图过程

图 7.20 地形断面图

7.3.3 建筑物与地面的交线

在实际工作中，许多建筑物要修建在不规则的地球表面上，修建在地球表面上的这些建筑物必然与地面产生交线，这些交线一般是不规则的曲线。求此交线时，需要采用辅助平面法，求出交线上一系列的共有点，即用一组水平面作为辅助面，求出建筑物与地面的一系列的共有点，然后依次连接，即得交线。

例题 7-6 拟在河道上建一土坝(如图 7.21a 所示)，已知坝顶宽度 4 m，坝轴线的位置、高程和坝上、下游坡度如图 7.21b 所示，试求土坝上、下游边坡与地面的交线。

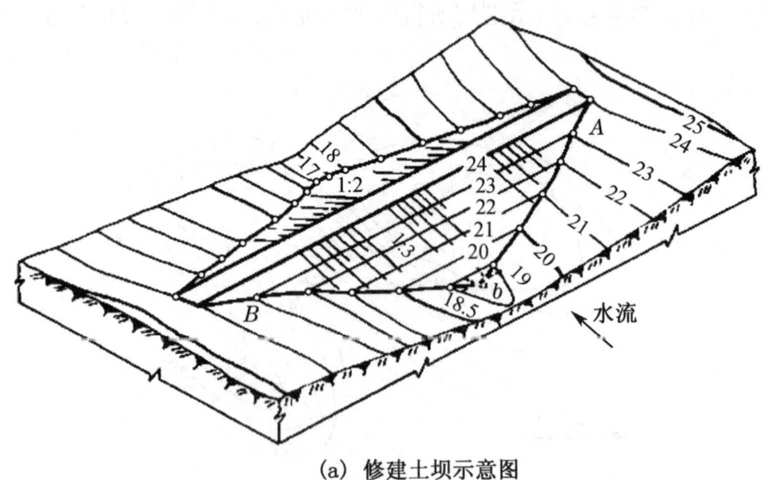

(a) 修建土坝示意图

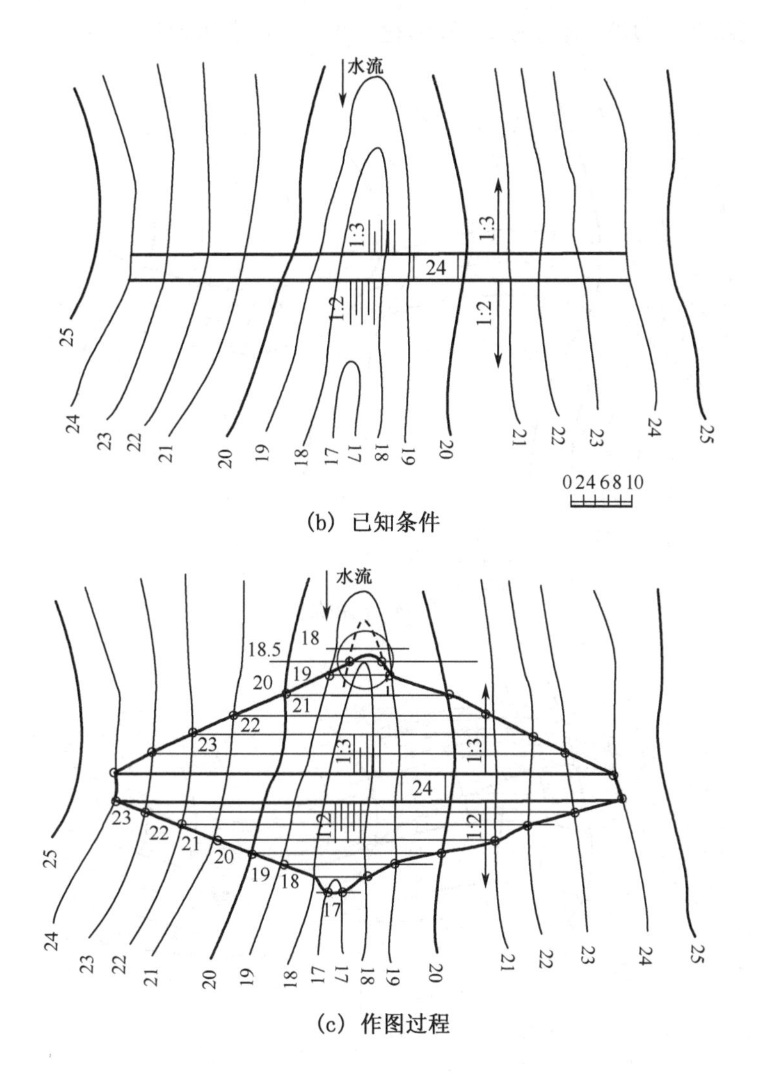

(b) 已知条件

(c) 作图过程

图 7.21　土坝边坡与地面的交线

解:(1) 土坝上游边坡坡度 1∶3,则算出平距为 3 m,在比例尺上量取,作出土坝上游坡面的等高线(这些等高线平行于土坝边线),等高线与地面同高程等高线相交得出交点,用顺滑的曲线连接交点,得土坝上游与地面的交线。

注意:地面 18 等高线与土坝边坡 18 等高线没有相交,因此加密地面 18.5 的等高线,同时也加密土坝边坡 18.5 的等高线,二者有交点(图 7.21c 中的圆圈处)。

(2) 土坝下游边坡坡度为 1∶2,则算出平距为 2 m,在比例尺上量取,作出土坝下游坡面的等高线(方法同前)。等高线与地面同高程等高线相交得出交点,用顺滑的曲线连接交点,得土坝下游与地面的交线。

(3) 把交线加粗,以示作图结果,方便同作图线区分开来。如图 7.21c 所示。

例题 7－7　如图 7.22a 所示,在山坡地面上修筑一条弯曲的道路,路面为平坡标高 20 m,道路两侧边坡,填方为 1∶1.5,挖方为 1∶1,求填挖边界线。

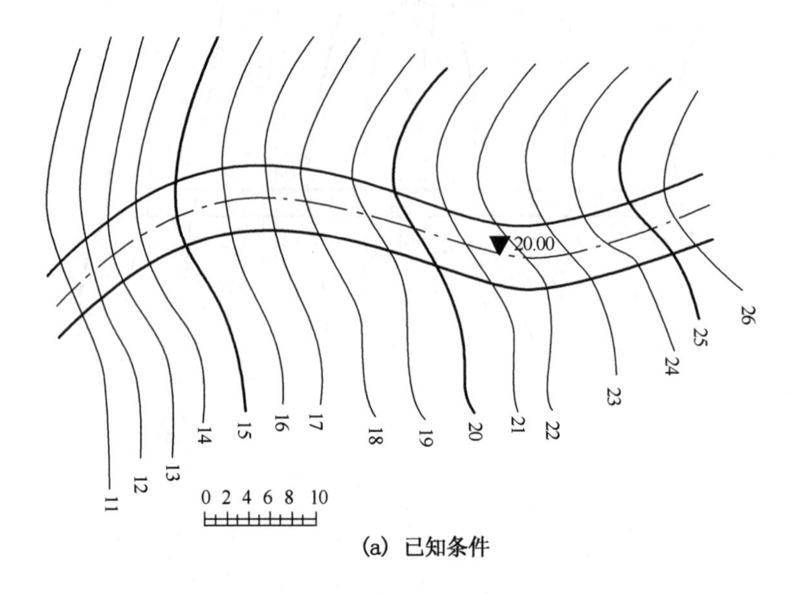

(a) 已知条件

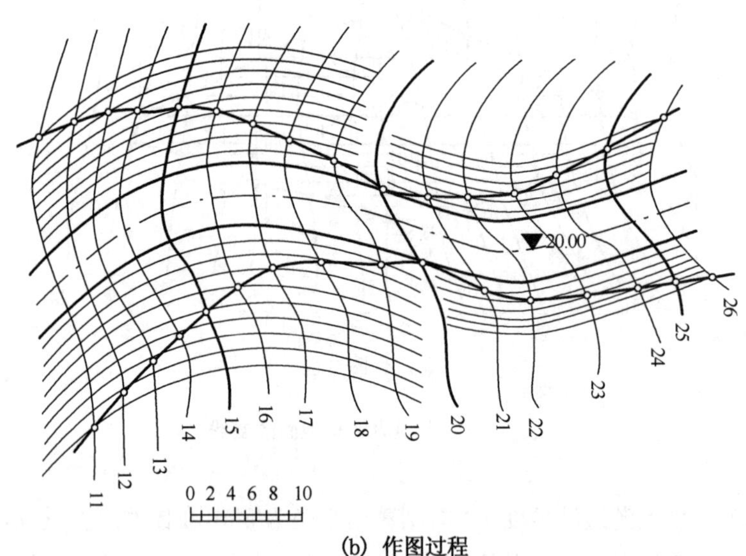

(b) 作图过程

图 7.22 道路两侧挖填边界线

解:根据已知条件,以地形等高线 20 为挖填分界线,左侧为填方区,右侧为开挖区。

(1) 填方坡度 1∶1.5,则算出平距为 1.5 m,在比例尺上量取,作出各填方边坡面的等高线(这些等高线的形状同道路边线),等高线与地面同高程等高线相交得出交点,连接交点得填方边界线。

(2) 挖方坡度为 1∶1,则算出平距为 1 m,在比例尺上量取,作出各挖方边坡面的等高线(方法同前)。

（3）把边界线加粗，以示作图结果，方便同作图线区分开来。如图7.22b所示。

例题7-8　在所给的山坡上修建一个水平广场，其形状和高程如图7.23a所示，已知高程为16 m的水平广场平台和地形面的标高投影，填筑坡度 $i_1=1:1.5$，开挖坡度 $i_2=1:1$，试作填方、挖方的边界线和坡面间的交线。

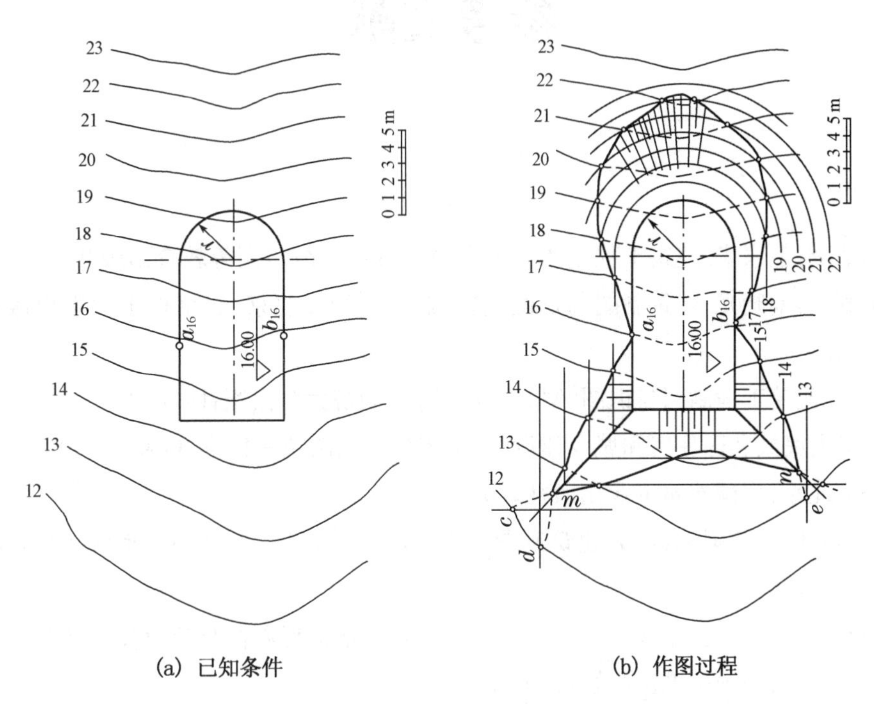

图7.23　水平广场挖填边界线及坡面交线

解：水平广场以地形图等高线16为界，下侧为填筑区，上侧为开挖区，填挖分界线以 a_{16} 和 b_{16} 所在的等高线为分界线。

（1）由填方坡度1∶1.5算出平距为1.5 m，在比例尺上量取，作出各填方边坡面的等高线，这些等高线与地面同高程等高线相交，连接交点得填筑边界线。边界线上的 m、n 点是两个边坡面和地面的三面共点，用延长边坡线的方法求得。

（2）挖方坡度为1∶1，则算出平距为1 m，在比例尺上量取，作出各挖方边坡面的等高线，其中半圆端的挖方边坡面为倒圆锥面，图上等高线为一组同心圆。坡面等高线与同高程的地面等高线相交，得出交点，连接这些交点的曲线即为挖方边界线。

（3）把坡脚线、开挖线、坡面交线加粗，以示作图结果，方便同作图线区分开来。

参考文献

[1] 莫章金,毛家华.建筑工程制图与识图[M].3版.北京:高等教育出版社,2015.
[2] 王丽红,刘晓光.建筑制图与识图(含习题集)[M].北京:北京理工大学出版社,2015.
[3] 杜军.建筑工程制图与识图[M].2版.上海:同济大学出版社,2014.
[4] 中华人民共和国住房和城乡建设部.房屋建筑制图统一标准:GB/T50001—2017[S].北京:中国建筑工业出版社,2017.
[5] 中华人民共和国建设部.建筑制图标准:GB/T50104—2010[S].北京:中国计划出版社,2010.
[6] 国家技术监督局、中华人民共和国建设部.道路工程制图标准:GB50162—1992[S].北京:中国标准出版社,1992.